優渥叢書

優渥叢書

優渥叢書

一小時學會

回話藝術

為何賈伯斯、歐巴馬臨時被叫上台，還能應答如流呢？

魅力話術訓練師
影響力演說專家
李真順◎著

CONTENTS

目次

2
lesson

學賈伯斯、歐巴馬一上台就能脫稿演說

三

學卡內的超溫暖說話術，讓你人脈100分

推薦序

金蘋果落在銀網子裡！

所羅門王說：「一句話說得合宜，就如金蘋果在銀網子裡。」（《聖經》箴言25：11）這句話用來隱喻溝通的雙方：銀網子代表聽者是貴重金屬，滿心期待能有所收穫；金蘋果代表說話的藝術與美德，懂得引發聽者需求並傾聽回饋，進行有意義的對話交流。因此，話說得合宜，觀點明確動人，就如金蘋果在銀網子裡，有助於建立良好的人際關係、打動人心獲得信任、順利溝通說服理念政策等，達到相得益彰的效果。

流暢的口才表達，是一種化繁為簡的思想藝術。可應用在人際交流、業務拜訪、專題簡報、群眾募資、向上溝通、向下管理等。說話的溝通藝術首先要瞭解聽者的背景，察言觀色，尋找適切的溝通頻道，才能產生共鳴，正所謂「嚶其鳴矣，求其友聲」。

至於能夠脫稿演講和即興發言，是因為懂得思考如何說話，能思考則是因為生命閱歷的豐富領悟，並懂得言簡意賅地摘要歸結心得。我們可以推斷雄辯人才，如諸葛亮、蘇秦、張儀等人，擁有如簧之舌、舌燦蓮花的能力，能夠滔滔不絕、舌戰群雄，乃是因為掌握了邏輯思維（獨特觀點）、故事潤滑與數據佐證，這流暢口才的三大支柱。

我對於口才的認識，緣於高中班會討論時，驚覺有三種現象：第一種看似口若懸河，實則流於油嘴滑舌、譁眾取寵；第二種貌似溫良恭儉讓，實則條理分明，表達清晰；第三種始終保持沈默，觀望不語。我因拙口笨舌，選擇第三種，但暗自立下心願，有朝一日一定要口若懸河，扳回一城。

進入大學後，興致勃勃參加「新生盃辯論賽」，台上展現初生之犢不畏虎的氣勢，慷慨激昂、剴切陳言，加上數據佐證並歸納論點。對方也盛氣凌人，尖銳質詢，言詞答辯，盡顯機鋒，逼得我數度急切打斷對方發言，最後成績揭曉：我方慘敗！

事後深切反省，發現失敗的主因在於畫虎不成反類犬，一味模仿學長玉樹臨風，瀟灑自若，卻失去沉穩若定的誠懇台風。只顧堆砌華麗詞藻，卻不懂得積極聆聽對方論點、尊重對方的答辯，最後落得譁眾取寵、華而不實。當下我開始思考：魅力口才到底是為了受歡迎？還是受尊敬？

至今擔任企業培訓講師，每一次的公眾演說，在技巧面，我不斷揣摩練習內容、聲調語態、肢體語言，更學習「先說故事，再講道理」的故事潤滑，感性與理性兼容並蓄，以此說服聽眾。在心態面，提醒自己：「誠於中，形於外，故君子必慎其獨也」，深怕自己夸夸其談，言過其實，卻未能言行合一，以身作則。

在這「人人頭上一方天，個個爭當一把手」的年代，每人都急於掌握發言權，想要發光發熱，一舉成名、一戰功成。李真順老師在書中特別提醒：「演講的三重境界——用口演講、用心演講、用生命演講」，你在哪一層？

願你我成為充滿生命與情感的演說家。

張宏裕　《會說故事的巧實力》作者

故事方舟文創工坊　創辦人

前言 口才不是天生技能，需要刻意練習才會進步

在現代社會，溝通與交流的能力已經成為一個人成功的重要因素。然而雄辯與說服並非與生俱來的能力，因此如何增進口才，如何在眾人面前推薦自己，便成為提升個人素質的重要課題。

面對面的溝通、公開的演講、平時的社交、銷售時的談判、人際關係的處理，無時無刻都需要良好的口才。好口才能讓我們快速增加個人魅力，提升影響力。特別是在現今的網路時代，LINE、SKYPE、臉書等各種通訊軟體已經讓我們成為自媒體中心。每個人隨時都可以發聲，闡述自己的觀點，因此說話的藝術顯得尤為重要，能夠脫稿演講和即興發言，也成為一般人普遍的需求。

現實生活中，我們習慣將會說話的人稱為有口才的人。口才的重要性不言而喻，古人就有「一言之辯，重於九鼎之寶；三寸之舌，強於百萬之師」的說法。然而，愈是需要人們重視的事，愈容易被忽略。在現實生活中我們發現，很多人根本不懂得如

何與他人說話。平時和幾個熟人、朋友隨便聊聊天，閒話家常還沒問題，可是到了關鍵時刻，卻連一句有影響力的話也說不出來，不是詞不達意，就是說話不流利，而影響人們對於說話者本人的評價。可見口才在個人素養中佔有主導地位的重要性也愈加顯著。

人們總是認為口才是一種天賦，所以即使瞭解它的重要性，也不會給予足夠的重視，甚至認為後天的訓練沒有太大的用處。事實並非如此，任何一件事情經由後天的努力，都可以獲得改善或者提升。每個人都有自己的短處，我們應該正視它，在必要的時候改進它。既然口才對於我們如此重要，就不該被一時的困難嚇倒。只要相信勤加練習必能有所進步，加上學習一些必備的技巧，掌握必要的話術，那麼即使現在口才不佳，但我相信未來你一定能夠擁有舌燦蓮花的好口才。

我希望幫助那些飽受不善言辭之苦的人們掌握一定的語言技巧，從而走出語言的困境，使他們身處人生的各個場合都能應對自如，就像每一個ＴＥＤ演講者，一上台就能侃侃而談。因此，殷切地期望這本書能為渴望擁有好口才的讀者，帶來一些啟發和幫助。

“

人際交往是一門學問。我們常會看到，有的人總能在人前談笑自如、如魚得水，並受人喜愛；有的人卻木訥寡言，詞不達意。此外，還有一種人，雖然也能侃侃而談，但總是不得人心，甚至還惹人生厭。

那麼，是什麼原因造成這些差異呢？如果深入探討將會發現，那些備受歡迎、魅力四射的人，都能掌握並熟練運用社交口才技巧。只有充分學習、掌握好這些技巧，才能肆無忌憚地張開口，避免窘態。說出魅力，說出好關係。

”

1 lesson

學TED演講者，練就說話、回話的本事

這年頭，辯才無礙不吃香、真誠說話感動人

很多時候，我們總是憑個人嗜好，選擇自己認為容易交往的人來結交，殊不知人的感覺具有很強的欺騙性。《溝通力》一書指出：「我們對『關係』的理解往往並不是真正需要建立的關係，這種誤解會混淆我們的目標。」也就是說，在與人相處的過程中，不應該把個人的好惡帶到人際交往當中，這種偏見非常不利於目標的達成。

事實上我們也會發現，看起來不太好打交道的人，往往在危難之時給我們很大的幫助，而那些我們在日常生活中倚仗的人，卻在真正需要幫助時袖手旁觀，甚至有可能落井下石。

這個時代，人們愈來愈注重各種「圈子」的建立，圈子文化盛行坊間。正所謂「物以類聚，人以群分」，這本來無可厚非，但萬事不可用其極，任何事過了頭，必然會深受其害，因此我們看到很多人被小圈圈套死。然而一旦走出有意自織的小圈圈，就能捕獲一個寬廣的大天地。

我在農村長大，有一天父親突然特別感慨地對我說：「人呀，真的不要小看任何一個人，說不定他哪一天就幫到了你。我從來沒有想到，張三今天竟然幫了我一個大忙。」

那時我還小，好奇心很重，緊接著追問父親到底是怎麼回事，因為我知道張三是聾啞人。在偏僻的農村，人們對於身體有殘疾的人還是抱有很大的成見。因此，人們見到張三，要嘛取笑，要嘛遠離，不會有人重視他，更不可能要他幫忙。

其實，父親所說的並不是什麼大事。他那天把採收好的玉米裝了滿滿一台推車，在搬運回家的途中有一個大坡，父親試了兩次都沒有辦法將手推車推上

大坡。平時那個時間，通常路上會有很多忙著收割作物的同村人，但就是那麼湊巧，那天父親等了很久都沒有碰上半個人。

父親正在生悶氣，剛好張三收工回家，看到父親和那滿滿一手推車的玉米。他用手向父親比畫，示意他可以幫忙，並一直將父親送到家。

為什麼父親口中的這個小人物和這件小事讓我如此念念不忘？可能是我從認識張三開始，就像其他人一樣把他看得太過渺小，或者說得更直接一點，我根本看不起他，因為他身體有缺陷。

雖然那時的我還不懂得成人眼中的圈子，潛意識裡卻告訴自己，這是一個永遠無法走入正常人生活圈子的人。然而，有一天，我心目中形象最為高大的父親竟會對他如此感慨和認可，這讓我掛懷至今。因此，我成人後，從不給自己畫圈，這也讓我結識了許多性格天差地別的朋友。每當有人質疑我的某些朋友，他們與我是多麼不同，為什麼我會與之結交？我通常都會這樣回答他：「我們的眼睛經常出現一些錯誤，這個人真的很不錯，不信你可以試著交往一下。」

在現實生活中，人們習慣和自己性情相投的人大講兄弟義氣，而把不合性情的人視為「圈外人」，採取抵制的態度，有時甚至惡意攻擊，這是完全沒有必要的。

老子說：「善者，吾善之，不善者，吾亦善之，德善。」無論善與不善，均能一視同仁，以善來教化，最終才能都變得善良。能否正確地認識和瞭解他人，關係到人際交往能否順利進行。若想走出對他人認知的心理謬誤，就要注意以下三點。

先入為主，會讓你錯失好機會

在人際交往的過程中，最忌諱以第一印象作為判斷一個人是非的標準。現實生活中，人們往往容易陷入先入為主的謬誤裡，未經接觸就妄加評判，帶有很多的主觀性、片面性。

避免「近因效應」，禍從口出

所謂近因效應[1]，舉例來說，某個人因為一件事沒處理好，我們就理所當然地認為，凡是這類的事情他一定都無法做好；某個人剛犯了一個大錯誤，就此判定他從來

都不是一個好人。事情發生後，要分析背後的原因，觀察其後的表現，要就事論事，不要輕易下定論、做評判。

懷有一顆真心，人際關係無往不利

不要一味玩弄人際關係的技巧。若非懷有一顆真誠待人的心，再多技巧也是枉然。因為維繫人與人之間的情誼，最重要的不在言語或行為，而在於本性。只有在人際交往中不斷審視、認識自己和他人，不斷領悟人生，才能擁有不一樣的人際交際網和影響力。同時，要知道「水至清則無魚，人至察則無徒[2]」。

註1：「近因效應」相對於「首因效應」，兩者都是心理學名詞。首因效應是指對人的第一印象，又稱「先入為主效應」，由於第一印象不易改變，因此在人際交往中有極大的影響。近因效應則是最近的強烈印象，掩蓋了過去的評價，影響我們對熟識的人的判斷。

註2：語出《大戴禮記．子張問入宮》、《漢書．東方朔傳》。意思是：水太過清澈，魚兒無法生長；對人太過挑剔，沒有人願意成為他的同伴。

TED 經典語錄

你可以用你的力量築起圍牆……或者用它來打破隔閡。

——沙．魯克．罕（Shahrukh Khan），印度寶萊塢當代最成功的男演員、節目主持人、製片

職場很難「平等對話」，因此回話變得重要

在人際交往的過程中，我們總是期望能夠彼此平等對待，但也發現，絕對的平等對話在過去從未有過，在未來也不會實現。

平等對話只是相對，而非絕對

我們處在需要賺錢謀生的社會裡，財富和權力必然是生活軸心與是非的準則，要求完全平等的語言溝通，是根本不可能實現的，只能盡可能爭取相對的平等，而非絕對。

在一次音樂課上，張老師讓學生用打擊樂器為某首歌曲伴奏，同時還設計了伴奏節奏。但是，她發現有幾個學生並沒有按照她的要求去做，而是把打擊

樂器非常隨意地堆在桌上。雖然張老師對這樣的舉動很不滿，但並沒有批評他們，而是試圖與他們對話，讓教學順利進行。於是，師生展開了以下對話：

「誰來說說，你選擇了哪些打擊樂器？」張老師滿懷期待地等待學生們的發言。一陣沉默過後，有幾個學生抬頭看了一下四周，又偷偷地低下了頭。

終於，同學甲鼓起勇氣率先發言，他說：「我選用了沙球。用××來表達123這個節奏。」

「哦？是嗎？」顯然，張老師並不滿意這個答案，並將期待的眼神再次投向學生們。乙站了起來，並提出反對意見：「不對，這首歌曲情緒歡快活潑，不能用沙球伴奏。」

此時，同學甲處於下風，自信開始瓦解：「是嗎？歌曲情緒歡快活潑就不能用沙球伴奏嗎？」不料全體同學卻排山倒海地回答：「不行……」

老師暗想，同學甲平時說話總是不經過大腦，一絲不悅便掛在了臉上，並對甲說：「請你再仔細想一想！」同時，轉向一個不敢抬頭的學生丙：「你來說說看。」

同學丙膽怯地站起來：「老師，我……我不知道怎麼說。」其實，同學丙的表現早在張老師的意料之中。那麼，是調出精英的時候了，張老師心想：「別怪我沒給你們機會。」於是，她先是表面寬容地對丙說：「好吧，你可以坐下了。」同時把信任的目光投在學生丁身上，並鼓勵地點了點頭：「你來說說看。」

「老師，這首歌曲情緒的確是歡快活潑，但因為是二四拍，所以不應該用××、123這個節奏，我想用××、12會比較好，而且比起沙球，鈴鼓更能表現這首歌曲的情緒。」「哦！說得真好。還能用什麼節奏呢？」老師高興地說，並開始饒有興趣地準備和這個學生展開討論。

討論開始變得熱烈起來，幾個不甘落後的孩子也開始相繼加入話題，內容變得更加廣泛。幾個原本就低著頭的學生抬起頭來，茫然地看著老師和這幾個參與其中的同學，倍感失望，顯然他們被邊緣化了。

張老師充分考慮到要給學生們自由發言的空間，一個相對平等的對話機會。但是，我們認真研究便會發現，在這個過程中，她還是不可避免地根據學生平時的表現，把學生分成四個不同的等級。

第一個等級是少數幾個平時成績較好、順從老師的學生，老師願意與他們對話，而他們也能夠與老師積極對話。第二個等級的學生，上課能夠悠然自得，但缺乏與教師對話的動機，如案例中的乙。第三個等級的學生，雖然願意和老師對話，但往往答非所問或不得要領的，發言常常遭到老師的否定或者貶斥，如案例中的甲。第四個等級的學生則是被漠視的一群，既沒有能力回答問題，也不會被主動提醒回答問題，因為老師非常清楚，即使有意讓他們參與討論也答不出來，就連錯誤的答案也沒有，這類學生基本上被老師無視了。

由此我們可以看出，只有那些能夠積極與老師對話、能力強的學生，也就是所謂的「對話強者」，才有機會與老師進行相對平等的對話。另外三類學生，便是所謂的「對話弱勢者」，他們只能作壁上觀，即使回答了問題也只會遭到貶斥、冷淡對待，是不可能爭取到與老師平等對話的機會。

所以，不難得出這樣一個結論：自從你決定與他人對話的那一刻起，你們之間的對話就可能存在著不平等。只有將這個道理反覆咀嚼透徹，才能讓你與他人在談話過程中保持清晰的頭腦。唯有不存任何幻想，才不會帶來失望。沒有了失望，彼此之間的交往也就變得相對順暢，雙方的對話也就相對平等了。

表達可以客氣，但別自卑

假如我們在對話過程中恰巧成了弱勢的一方，也不必自卑。自卑往往會帶來痛苦，這種不適的感覺很容易讓人產生緊張、壓抑的負面情緒，因而導致談話過程中思路斷層，產生語言障礙，更加不利於雙方的平等對話。

在談話過程中，要始終提醒自己：要以今時之弱贏取明日之強，並以此不斷自我暗示、自我激勵，時時保持樂觀、自信、活力，至少在精神上和氣勢上不輸給對方，並且努力用人格魅力感染他人。這就是你的個人影響力。

TED 經典語錄

學生不會從他們討厭的人身上學到東西。每個孩子都需要一張冠軍寶座，那就是一個永遠不放棄他們的大人，他了解人與人聯繫的力量，並堅定地相信他的學生們擁有成為最好的可能性。

——麗塔．皮爾森（Rita Pierson），美國知名教育家

回錯話、講話酸，通常是情緒惹的禍

無論我們身處什麼境地，都要學會有效地控制自己的情緒。假如真的無法控制，不妨試著管住自己的舌頭。如果兩者都做不到，那麼在與人談話的過程中，以下幾件事就必須牢記在心裡。

說話鋒芒畢露，小心前途無「亮」

在現實生活中確實存在一些自視頗高的人，他們銳氣旺盛、鋒芒畢露，處事不留餘地、咄咄逼人，有十分的才能與聰慧，就能表現出十二分，導致他們在人生旅途上屢遭挫折。

我有一位大學同學，在學校的時候各方面表現都非常優秀，能力也很強。只是他為人極為強勢，凡事總要爭第一，在學校時，由於我們對他比較瞭解，因此處處讓他幾分。大學畢業後，他順利進入一家人人羨慕的公司。但他這也看不慣，那也看不慣，剛去一個月就洋洋灑灑地遞了一封萬言意見書給主管，內容包括：主管的工作作風與方法、員工福利弊端等等，並提出了詳盡的改進意見。

想讓公司更好並沒有錯，錯在他剛進部門不久，對於公司的實際情況還沒有完全掌握、理解透徹，加上他平時鋒芒太露，難免招人嫉恨。結果可想而知，主管不僅沒有採納他的意見，還找理由辭退了他。

之後幾年，他也是頻繁地更換工作，而且一個比一個不如意，他的牢騷愈來愈多，意見也愈來愈多，在同學中本來很出色的他如今表現非常平庸。

一般而言，善於交際的人都比較健談，更善於表現自己。對於個人而言，這其實是一大優點，但是恰恰有一部分人不善於利用這一優勢，過於張揚，過度表現，難免引人反感。一個人的優點和長處最好是由別人發現，才能在人際交往中更具震懾力和神秘感。

說話自信，切莫自負

自信是成功必備的心理素質，然而伴隨著不斷的成功，也會產生自滿情緒，輕則由此變得自負而停滯不前，重則會給當事人帶來非常嚴重的人際危機。

自負一般源自於當事人對於自身的錯誤判斷，說得白一點，就是高估了自己，低估了別人。在現實生活中我們會看到：自負的人喜歡製造虛幻的自我滿足，希望得到超過自己實際價值的肯定。正是這致命的自我滿足和對自己過高的評價，才使得一代梟雄項羽兵敗垓下，無顏見江東父老。自負還容易讓人蒙蔽視聽、盲目孤行，也正是自負才讓馬謖失街亭，最終落到被斬的下場。可見自負十分要不得。

如何判斷自己是否是一個自負的人？可以從三個方面檢視。

你自負了嗎？

首先，只關心個人的需求，強調自己的感受，在人際交往的過程中常常表現得目中無人。

其次，參加朋友的聚會活動，不高興時會不分場合地亂發脾氣，高興時則海闊天空、手舞足蹈、講個痛快，全然不考慮他人的感受。

最後，經常過於高估自己與他人的關係，說一些不該說的話。這種過於親暱的行為，反而會使人出於防衛心理而與之疏遠。

自信與自負不同，自信是對自我價值與能力的充分肯定，是面對挑戰時勇往直前的勇氣和精神，是斬斷畏懼與恐懼、用積極的心態迎接未來的情懷。自信是情緒的主人，而自負則是情緒的奴隸，一個人如果被自負操控，也就失去了操控人際關係的能力。

嫉妒多疑，會讓你的話「發酸」

嫉妒是一種消極的心態，往往源自於當事者本身缺乏自信。誠如西班牙作家賽凡提斯說的：「嫉妒者總是用望遠鏡觀察一切，在望遠鏡中，小物體變大，矮個子變成巨人，疑點變成事實。」

愛嫉妒的人往往活在別人的世界裡。

你嫉妒了嗎？

他們憑什麼做得比我少，賺得比我多！

他們為什麼都喜歡他，而不喜歡我！

我哪一點比不上他？

嫉妒者很少從自己身上找原因，難以客觀評斷。

另外，由於缺乏自信，他們也很難與自己和諧共處。缺乏對自我的瞭解，不僅僅是高估自己、低估別人，而且根本就不允許自己高估別人。正如黑格爾所說：「有嫉妒心的人，自己沒有能力完成偉大的事業，便拚命去低估他人的偉大，貶低他人的偉大，使對方與自己相齊。」

同樣地，在人際交往中，多疑也極其不可取。英國哲學家培根說：「多疑之心猶如蝙蝠，總是在黃昏中起飛。這種心情會迷惑人，擾亂人的心智。它能使你陷入迷惘，混淆敵友，從而破壞人的事業。」如果不是因為多疑，項羽就不會失去亞父范增，可能就沒有垓下的悲歌。如果曹操不是多疑，也就不會錯殺華佗，他的命運可能會不同。

嫉妒和多疑是消極的，要不得的。敞開心扉，擁抱自己，多給自己一些積極的暗示。與其不停地追問：「他們憑什麼生活得比我好？」不如時刻告誡自己：「他們行我也行！」並積極行動，不斷地壯大自己。只有壯大了自己，朋友才會真心以你為榮，以你為榜樣。

TED經典語錄

你的靈魂需要探索和成長。你能夠得到的唯一方法是——強迫自己接受不舒服，強迫自己走出去，離開你的腦袋。

——梅爾．羅賓斯（Mel Robbins），知名電視節目主持人

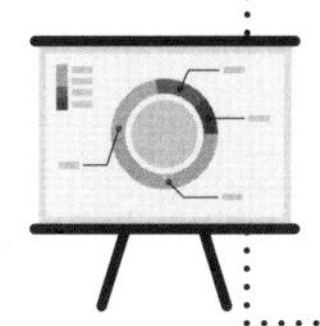

卡內基：破壞性語言，必定產生破壞性結果

卡內基（Dale Carnegie）在《人性的弱點》中寫道：「破壞性的語言，往往會產生破壞性的結果。」這個世界上最神奇的莫過於語言了，它時而像美麗的音符，奏響絢爛的樂章；時而如美味的糖果，散發沁人心脾的香甜；時而又像一把刺入心臟的匕首，留下即使歲月交疊也癒合不了的創傷。

破壞性語言1：說人莫揭其「短」

俗話說：「打人莫打臉，說人莫揭短。」這個「短」是指人的缺陷。有些人缺乏對他人的尊重和包容，經常在言談之間講些損人的話，有時是損人利己，有時損人不利己。

每個人都希望自己很完美，但這個世界就是對某些人不公平，因此我們需要一顆

同理心。同理他人的苦和痛也是一種修為。一個有修養、有道德的人在說話時總是會儘量避諱，不講讓他人反感的事。尊重別人也是尊重自己，這是人際關係交往的基礎。

破壞性語言2：不要直言他人的「錯」

人們總是在自認為熟知的領域，過於相信自己的判斷，這也是一種自負的表現。也許對方的觀點有待考究，但未必沒有一點參考價值，因此學會給自己即將說出口的話留一點餘地，更利於人際的交往。

破壞性語言3：切忌說「基本上這不可能……」

正如朱德庸的漫畫書名《什麼事情都在發生》，我們也應該要用開放的眼光去看待問題。如果你確實認為這件事「基本上不可能」，可以嘗試婉轉地表達，比如：「也許吧，不過還要……」、「我認為您說得非常有道理，只是我們不妨再觀察一下……」、「你的提議很好呀！但不知道其他人有什麼想法？」等等。

破壞性語言４：負氣的話不能說

情緒是個壞東西，它很容易控制我們的語言和做事方式。人在生氣時往往會不自覺地說出負氣的話，這些話的破壞威力一般都在「四星」（五星為最高級）以上，因此要儘量控制自己的情緒。如果聊天的過程中，對方的行為或者語言確實令自己氣憤，無法保持冷靜，不妨轉移話題或者藉機離開。生氣的時候不要隨便發言，因為氣頭上所說的話，往往很難聽，也最容易傷人。

破壞性語言５：別人的隱私不要講

所謂隱私，我個人的解讀是不願意向外人透露，或者只願意讓自己信任的人知曉或分擔的事情。我之所以使用「分擔」而不是「分享」，是因為在我看來，一個人承擔著過多不願讓他人知曉的事情是非常辛苦的，如果有一兩個朋友和親人願意分擔，勢必能夠減輕他的心理負擔。

因此，一旦一個人願意把隱私告訴你，那是因為信任你並把你當成朋友看待。一旦這些屬於個人隱私的事情被你當眾揭露，也意味著從此你們不再是朋友而是仇人。揭露別人的隱私是非常不厚道的，明理人都知道，今日你會談論這個人的隱私，未來你也有可能揭露那個人的隱私，因此不會有人願意與你真誠結交。

TED 經典語錄

不管你喜不喜歡，未來的30天依舊會過去。那為什麼不考慮那些你一直想去嘗試的事，並在未來30天裡試試看呢？

——麥特．庫茨（Matt Cutts），Google搜尋引擎最佳化專家

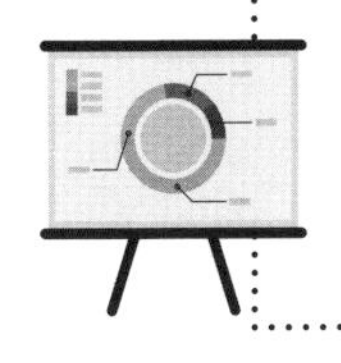

TED‥Ideas worth spreading

用你的言語改變世界！

迎接TED熱潮

一提到ＴＥＤ，馬上會聯想到網路上流傳的影片——一位演講者戴著耳麥、站在舞台上，面對台下上千名觀眾，搭配ＰＰＴ或影片不急不徐地演說。每年為期四天的ＴＥＤ大會創造數千萬美元營收，所有演說影片已累積超過十億點閱率。為何ＴＥＤ能在世界引起熱議、帶動「演講」的熱潮？

ＴＥＤ是由「Technology, Design, Entertainment」（科技、設計、娛樂）三個字的頭字母組成。早在一九八四年成立時，便預見科技、設計、娛樂將會成為未來人類生活的核心。現任的ＴＥＤ總監克里斯・安德森（Chris Anderson）更將它發揚光大，邀請各行業、各領域

Column 1

的專業人士加入，使TED成為一個知識傳播最有力的品牌。

安德森說自己是學哲學的，一直認為如果能將許多好的想法傳播到全球，是很好的事情。因此他定義「所有TED演講共同的要素*」，也就是身為演講者的首要任務，乃是：「為聽眾的內心獻出一份別出心裁的禮物，一個少見且美妙的東西——理念。」

每個人都有許許多多理念，大腦將這些複雜的想法組織起來，便成為思想運作的作業系統，你的世界觀幫助你認識這個世界。TED扮演的則是一個跨界的智庫、對話的平台。「每個人的世界觀可能截然不同。若溝通宣導得宜，它們就足以永久改變某個人看待世界的方式，並且影響他們現在及將來的作為。」安德森說。

因此，我們要向TED學習的第一件事，並非花俏的演說技巧，而是形塑具有價值的理念，並好好地加以傳播、溝通。這也是「TED Mission（使命）」要告訴我們的珍貴訊息。

*出自TED官方網站，題目為《TED精彩演講的秘訣》演講影片。

賤嘴、酸民擋不住？巧妙回應有絕招

每一次聊天和說話不一定都是愉快的，有時候難免令談話雙方不自在，甚至帶來無限的煩惱和傷害。特別是當你碰上那些比較令人頭痛的人時，如何巧妙地應對他們就顯得尤為重要。

如何不讓酸民的「賤」嘴得逞？

這種人一般說話比較刻薄，不是不開口，不然就是一開口就傷人。最好的應對方法就是與他們保持一段距離，不要和他們開玩笑，否則他們的話會讓你很難堪。

若不小心被他們抓住機會「刺」到，也不必生氣。如果那些話對你的傷害不大，可以完全無視，不加理會，因為嘴賤的人通常不會跟你講道理。如果說的話太過分，就應該狠狠地教訓他們，給他們一個下馬威，不要讓他們的賤嘴得逞。否則，一旦給他們你軟弱好欺負的印象，日後將麻煩不斷。

遇到喜歡說是非的人，可用「哼」「哈」躲開

俗話說：「來說是非者，便是是非人。」反過來想一下便可瞭解，他既然在你面前說他人的不是或缺陷，難保不會在他人面前說你的不足。如果深入探討，你會發現，愛說人是非，是因為嫉妒心過盛。他們心裡巴不得別人愈來愈倒楣，愈來愈困窘。如果你是聰明人，在與這類人交談的時候，不要推心置腹。

要對這種人做到嚴厲苛刻並不難，難的是如何讓他們不憎恨自己。要想遠離這種人，最好的辦法就是對他們說的任何是非都做出冷淡的反應，這樣可以讓他們知錯而退。如果對方不夠聰明，無法理解你的苦衷，還繼續說，也不要去贊同他們，用「哼」「哈」應對也不失為一種好辦法。因為「哼」「哈」是一種模糊語言，既會讓說人是非者感受到你的反應，又能讓他很快意識到這個話題對你沒有吸引力，無法激發他繼續交談下去的欲望，進而中止談話。

4招搞定「火爆脾氣」者

現代的生活節奏非常快，難免讓很多人的脾氣變得急躁。如果對方是與自己接觸不多的外人，忍一忍也就過去了。但是，如果這個人恰恰是你的朋友、同事或者親人，你又不得不與他們朝夕相處，該如何應對呢？

1 說話前，先摸清底細

首先必須瞭解對方到底為什麼發脾氣，是否針對你？如果是針對你，那麼就要多加小心，並且弄清楚自己什麼地方讓對方不高興。如果不是針對你，也要確定對方是否性格就是如此。在對他還不是很熟悉的情況下，可以選擇「冷處理」。可以的話就禮貌地說一聲再見，然後轉身離開。若不能馬上走開，那就改用稍後會談到的第四招——淡定來應對。

2 保持良好的心態，避免負面的話你來我往

如果你對對方有某個程度的瞭解，當他脾氣來了，一定要讓自己保持良好的心態，避免被他的情緒干擾，因為你清楚「他就是這樣一個人」，或者「他是對事不對人」。若對方有些話確實傷害了你，你憋在心裡也很難受，不妨暫時將事情擱置，再找個合適的場合和時機，以玩笑的方式表達你的不滿。我想對方日後與你相處時也會有所注意和規避。

3 不惹「爆點」，少說兩句

既然你已經知道對方脾氣火爆，在跟他相處的時候就要避免觸及他的爆點。如果爆點不幸被你觸及，不妨趕緊轉換話題，避免爭吵。同時，脾氣急躁的人自尊心都比較強，有時候他們明明自知理虧，也不願意當眾認錯。假如你認為對方是值得交往的人，就不要過分計較，讓他一下又何妨，或者主動給他找個臺階，保全他的面子。一般而言，火爆脾氣的人性格耿直，一旦你的這些做法讓他很受用，未來他必將死心塌地地跟你做朋友。

4 淡定，左耳進、右耳出

淡定是「八風吹不動，端坐紫金蓮」的修為，達到這個境界者堪稱人際交往的高手。美國第三十二任總統羅斯福家裡遭小偷，損失了許多財產。朋友寫信安慰他，勸他不要傷心。羅斯福回信說：「親愛的朋友，我很好，心情平靜，而且心懷感激。這是由於：第一，賊只是偷走了東西，沒有傷害我的生命；第二，賊沒有偷走全部家產，還留下許多東西；第三，這是最重要的，偷東西的是他，而不是我。」

換言之，發脾氣是他的事，不關我的事。面對對方無來由的火爆脾氣，如果不想跟他吵架，可以淡然處之，別放在心上。跟他吵不僅傷了自己，也傷了他。而且在現實生活中我們發現，這種人往往都是刀子嘴、豆腐心，大多數情況下都是有口無心，與其跟他們生氣，不如一笑置之。

面對愛抱怨的負能量朋友，除了閃開，你還可以……

祥林嫂是魯迅小說《祝福》中刻畫的一個典型舊中國悲慘女性形象。她身處社會底層，儘管勤勞、善良、質樸，但並未因此改變悲慘命運，最終她在政權、族權、神權、夫權四條繩索的束縛中悲慘離世。

小說中「我」遇到她的時候，她總是喋喋不休地說著自己的悲慘經歷。試想，如果在你的身邊，每天都有一個人喋喋不休地向你訴說他的各種不平，你有什麼感覺？

若能夠巧妙地應對，那麼對於確保自己的正能量將大有裨益。假如他們口中的怨言對你沒有什麼傷害，也不涉及他人隱私，不妨靜下心來，花幾分鐘時間聽他們說說，表示自己的同情和理解，給他們一些溫暖，也是與人為善的一種表現。同時，引導或幫助他們正面思考，或是乾脆把焦點拉回到實際問題上，直擊問題的根源，問他們：「對啊，有些事就是不合理，可是我們現在能怎麼做？有其他的機會嗎？」以此引導他們由單純地博取同情轉變為思考問題，並積極地尋找解決問題的方案，從而杜絕對方一味地抱怨帶給自己的干擾及負能量。如果對方與自己沒有什麼交情，也無法招架或鼓勵他們，不如直接避開，走為上策。

總之，一旦對方無法從你這裡得到想要的共鳴，之後當遇到這類問題，他也沒有興趣再來找你，或者沒完沒了地跟你訴說了。

遇到「挑剔鬼」，只能遠離，別無他法

生活中很多人會有挑剔的行為，對孩子、戀人、朋友，甚至對自己。喜歡挑剔的人多半自我評價低、欠缺自信、工作成績不突出，特別是在不順心的時候，就會去挑剔他人。細究起來，原因不外乎以下兩種。

1 自卑

其實每個人或多或少都有一點自卑，只是對於某些人而言，這種負面情緒很快就能夠自我調整過來。但是，一旦這種情緒固化成為性格特質，就比較麻煩了。他們常常會表現出盛氣凌人的樣子，容易挑剔、指責別人，一旦看到別人身上閃耀的一面，就會產生嚴重的自卑情緒，採取挑剌的方式以獲取對他人心理上的優勢。

2 嫉妒

喜歡挑剔別人的人，常常懷有一顆嫉妒的心。他們長著一對順風耳、一雙千里眼和一個敏感的鼻子，身邊有一點風吹草動都能瞬間捕捉到，迅速擺出一副與人一爭高

下的姿態，一旦技不如人，就會妒火中燒。只是他們並不會採取積極行動，透過努力超越別人，而是對自己臆造的假想敵橫加挑剔和阻撓，甚至在他人走霉運時，採取落井下石的卑鄙手段。

其實，總是在貶低別人的人，無非就是想顯示自己比別人更強。有這樣的人潛伏在身邊，帶來的負能量猶如夜色，慢慢地浸染，蠶食你的自信，打擊你的尊嚴，讓你無法獲得自我認知上的平衡和情感上的平等。因此，面對這樣隨時影響並消磨你所有正能量的人，最好的辦法就是儘量避開，一走了之。

然而，很多時候我們可能逃無可逃，躲無可躲，因為這個人可能是我們的同事，或者是朝夕相處的親人。那麼，為了解決現實中存在的實際問題，我們不妨再寬容大度一些，換個角度看問題，設身處地為對方想一想，找出問題的根源。在平時的相處中，給予對方充分的尊重和理解，並且願意承認對方觀點中的合理之處，讓他們能夠完好地保有自尊。假如能夠做到這些，就會發現，那些原本看起來不太好相處的挑剔鬼們，會逐漸減少替自己辯解的藉口，更願意聽取別人的建議和忠告。

謹慎對待「控制狂」型上司，多多請示是良方

有這麼一類人，他們長年累月地以貶損他人為樂趣，或者以此來抬高自己。如果你因為這種行為而生氣，他們會很輕描淡寫地說：「鬧你的啦！你真是開不起玩笑。」「有這麼嚴重嗎？」如果你也損回去，他們贏不了，很快會惱羞成怒，甚至在朋友面前孤立你，讓你成為一個小心眼、不懂幽默的人。如果你直接跟他們攤牌，他們又會滿不在乎地說，不過是開玩笑，是你小題大做。這就是典型的控制狂行為。

每個人或多或少都有一些控制欲，只是某些人更為專橫。這種專橫在日常生活中，常常表現為謹小慎微、追求完美。其實，他們只是有著較強的不安全感，心裡總是不踏實，只有當他們認為一切盡在自己的掌握之中時，才會感到踏實、安心。那麼，如何應對身邊的控制狂？應根據自身的需要做出取捨。

1 不得不去交往時，別深交避免受傷

如果這個人是你不得不交往的人，請謹慎並做到步步為營，避免深交。就如前文中所述，他們擅長以貶低他人的方式抬高自己，因此可以想像，如果沒有一顆強大的

內心，長期與之相處，你將從他們身上吸收多少負能量！

2 對象是老闆或者上司，請多請示、多出選擇題、多溝通、多肯定

如果這個人是你的老闆或者上司，在工作中請儘量做到：

第一，在日常工作中多向老闆或者上司請示工作。

第二，給老闆或者上司多一點選擇題，避免是非題。開始一個新的專案或者需要做決定時，多提出一些方案讓他們選擇，而不是判斷。比如：「關於這件事情我做了兩個方案，方案一是……方案二是……您覺得哪個好呢？」

第三，多溝通，多肯定。

在平時的工作中，要多肯定他們的成績，重視他們的存在，讓他們充分感受到你完全在掌控之下。

一旦取得控制狂們的信任，你的前途將是一片光明。

3 萬一是你的伴侶，就請接納吧！

如果這個人是你的伴侶，好吧，既然選擇了他（她），那就接納吧！既然我們無法改變他（她）的控制欲，那麼不妨帶著一顆喜悅、接納的心去對待，那麼你將會擁有一個不一樣的人生。

第一，把他（她）的快樂當成你的快樂。愛他（她）就要讓他（她）快樂，因為只有這樣，他（她）才會把你的快樂當成自己的快樂。

第二，包容他人是人際交往最有效的技巧。每個人都有優缺點，你的另一半自然也不例外，只要不是嚴重的、違反原則的問題就讓它們過去吧，沒有什麼比和諧共處更重要。

第三，關心體諒必不可少。體諒和理解他（她），不要總是抱怨，抱怨是一種負能量相當大的情緒，請謹慎。

第四，善待他（她）的父母和家人。

第五，不強迫他（她）做不喜歡的事情，鼓勵他（她）多做自己喜歡的事。

第六，培養兩個人之間的共同愛好。如此一來可以增加很多共同的話題，當然也就多了很多分享的樂趣。

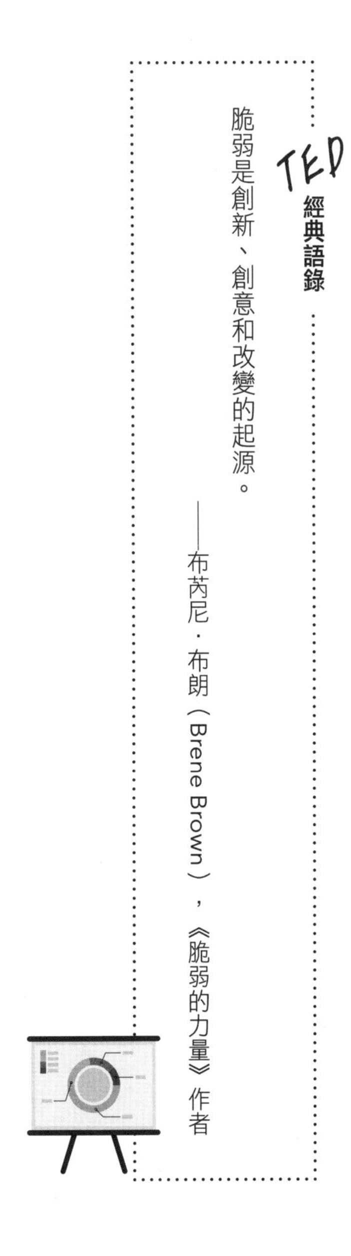

TED經典語錄

脆弱是創新、創意和改變的起源。

——布芮尼．布朗（Brene Brown），《脆弱的力量》作者

要當「和事佬」，傾聽、肯定語最有效

什麼是和事佬？有人打架的時候，和事佬就是那個勸架的；有人爭論的時候，和事佬就是忙著說情道歉的；如果碰見小倆口爭吵，和事佬就是那個從中說和的調解委員會大姊或鄰居家的大嬸。

和事佬關鍵在於一個「和」字，「和」的反義字是「爭」。從字面上看，和事佬的任務就是「止爭」。相反地，如果止爭的工作沒有做好，就變成攪事棍了。因此，在決定當和事佬之前一定要慎思慎行。

排解衝突時，「調停者」最好管好自己的嘴！

或許你會問，我不是來調解的嗎？管住自己的嘴，不說話，如何說服雙方？因為人在氣頭上時都不認為自己是錯的，每個人都希望你能夠站在自己這邊，這時候如果你急著表態，很容易給自己埋下立場，從而得罪另外一方。這時候，不妨閉緊嘴，認真聽，無論他們的觀點如何，你都回應「是、是、是」，在取得對方信任後再提出你的觀點，才比較容易被接受。在「和事」的調解工作中，話說得多不代表說得好，真正有頭腦的調解者，應該是那些用最少、最恰當的話達到調解目的的人。

多用肯定詞，帶動雙方跟著你說「是」

心理學家認為，想要得到良好的溝通效果，在溝通過程中要多使用肯定詞，少用否定詞。研究發現，當一個人說出否定性的語言時，他整個人包括肉體和精神，都處於一種明顯的收縮狀態，而處於這種狀態的人會拒絕任何意見。再者，人們一旦將「不」說出口，也往往不願意悔改。

我們小時候經常玩這樣一個遊戲：

A對B說：「你連續大聲喊五次『老鼠』。」

B照做，喊：「老鼠、老鼠、老鼠……」

等B喊完後，A馬上問B：「貓怕什麼？」

一般情況下，B一定回答：「貓怕老鼠。」

其實在很多培訓課程現場，培訓師也經常會用提問的方式引導學員，比如經常用到的詞彙有「對不對，是不是，好不好」。通常大部分學員都會回答「對、是、好」。

如果當事雙方都對你說「是」，你們三人的觀點取得共識，矛盾自然就化解，而你這個和事佬也就當成了。

如何善用話題，打開對方冰山下的話匣子？

氣頭上的當事雙方在闡述自己觀點的時候難免偏激，如果任其發展下去，勢必又是一場戰爭，甚至可能會殃及你這個和事佬。因此，有效地控制話題，引導雙方的談話朝和解的方向發展，是非常重要的和事技巧。只有掌握了溝通的主導權，最終才能達到說服的目的。

在一列火車上，年輕的記者里尼提正在採訪當時美國共和黨總統候選人胡佛，胡佛總是用「是」或者「不是」來回答，這讓里尼提很尷尬。

當火車經過當時貧窮荒涼的內華達州時，里尼提突然自言自語地說：「這裡的人們應該還在用那些古老的方法採礦吧！」胡佛一愣，馬上說道：「早就不用那種方法了，現在全國都是使用最新的採礦方法。比如……」就這樣，胡佛的話匣子一下子打開了，滔滔不絕地講了很多，從採礦到石油，從航空到郵政……

里尼提本來是一個默默無聞的記者，卻因為開啟了一個合適的話題，成了和胡佛談話時間最長的記者。看來，話題對談話確實非常重要。尤其作為調解員，把話題有效地導向利於和解的方向至關重要。因為調解的目的是說服兩人和解，努力掌握話題的主導權，就有可能達到自己想要的結果。

別像法官判決對錯，得學「毛利小五郎」裝糊塗

和事佬要達到止爭的目的，還要懂得學卡通《名偵探柯南》裡的毛利小五郎裝糊塗。不去評斷事件的是非曲直，無論誰跟你確認，都採取「好、好、好，是、是、是」的態度。避免對爭執雙方的立場做道德上的價值判斷，至少不應該有很明顯的傾向。如此一來，既可以使雙方間的矛盾不再被激化，又可以淡化雙方爭執的利益，讓他們自覺無聊，進而不再爭執。

給人當和事佬並非容易的事，弄不好還會由公親變成事主，陷自己於不義。因此，自己是否站得正、立得穩，能從大局出發非常重要。有了私心，想偏袒過關是行不通的；有了野心，想漁翁得利也非常要不得。盡可能以理服人、以德服眾才是和事佬的正道。

TED 經典語錄

視野從眼睛開始，但在大腦中成形。

——李飛飛（Fei-Fei Li），史丹佛大學電腦科學副教授

萬一在電梯裡遇到老闆賈伯斯問話，你該回的是……

商場上，不管是拜訪客戶、接待貴賓、出席各式聚會或活動，還是與主管搭乘同班電梯，難免都要和不熟的人聊上幾句。或者在某些場合，我們會遇到一些自己覺得非常值得交往的人，卻苦於找不到突破口，因而與他失之交臂。或者曾經一句不小心的話產生誤會，使得原本不錯的關係惡化，瞬間結冰。

據說蘋果某個工程師碰巧和賈伯斯同搭電梯，賈伯斯問他的工作內容是什麼？對公司有什麼價值？未來有什麼計劃？不幸他的答案無法讓賈伯斯滿意，當場被解僱了！如果那位工程師懂得簡潔扼要地回應，甚或利用一點幽默化解冷場尷尬，結果可能完全不同。

生活中、職場上，我們難免要與人交談，有時候是和陌生人，有時候是和熟人，學會如何與形形色色的人溝通「破冰」，就等於掌握了建立人脈的技巧。

瞭解及掌握「結冰」的原因，也是破冰的有效手段。談話雙方存在以下幾種情況時，最容易因話不投機而出現冷場。

冷場，你碰到了嗎？

- 初次見面或者平時見面的次數很少，彼此之間還不太熟悉。
- 年齡、職業、身份、地位差異很大，給其中一方帶來很大的壓力。
- 興趣、愛好差異大，雙方找不到共同的話題。
- 性格、內涵差異大，其中一方過於內向，對另一方的回應冷淡。
- 平時意見不合，尤其當雙方單獨同在一個場合時更容易讓氣氛結冰。
- 異性相處，尤其單獨相處時。
- 雙方均為性格內向的人，誰都不懂得如何打破僵局。

出現冷場時，雙方都會感到尷尬。但只要掌握了破冰的技巧，冷場是很容易變暖場的。

為何一個真誠的微笑，價值百萬美元？

宋代詞人趙長卿在他的作品《浣溪沙．閑理絲簧聽好音》中說得非常好：「暖語溫存無恙語，韻開香靨笑吟吟。」心理學家研究證實，微笑是人際交往的潤滑劑，能幫助人們驅散心頭的煩惱，消除人與人之間的隔閡，讓你的人生愈走愈順暢。

有句話說：「如果你微笑，全世界的人都會和你一起微笑。」

這是因為人會不自覺地主動模仿周圍人的表情、行為，讓自己可以融入團體、社會中。美國的心理學家曾做過一個「微笑實驗」，研究人員在暗地裡偷偷觀察，當一個人對著來往的人們微笑時，有一半以上的人都會回報以微笑。可見微笑具有很強的感染力，能縮短人與人之間的距離，給人溫暖的印象。

一個友善的笑容往往能夠發揮意想不到的效果。微笑是一種資源，請不要浪費它。我在《週六上午的口才課》一書中曾經分享過一首小詩〈微笑的真諦是什麼〉。

微笑的真諦是什麼

微微一笑並不費力，但它帶來的結果卻是這樣的神奇！
得到一個笑臉會覺得是一種福氣，給予一個笑臉也不會損失分厘。
微微一笑雖然只需幾秒，但它留下的記憶，卻不會輕易拭去。
沒有誰富有得連笑臉都拒絕看到，更沒有誰貧窮得連笑臉都擔當不起。
因此解語之花、忘憂之草的美名，它當之無愧。
微笑買不來、借不到，偷也偷不去，只有在給人之後，才顯露它的意義。
這就是微笑的真諦！

是的，「只有在給人之後，才顯露它的意義」，微笑就是這麼美好的事物。密西根大學心理學教授詹姆斯．麥克奈爾（James V. McConnell）認為：「那些時常保持微笑的人，在管理、教育、銷售中更容易成功，更容易培養出快樂的下一代。」

笑容比皺眉頭更能傳情達意，這正是為什麼教育中更應該以鼓勵和微笑取代體罰和處罰。「鋼鐵大王」安德魯．卡內基（Andrew Carnegie）的得力助手舒瓦伯（Charles Schwab）驕傲地向世人宣稱：「我之所以能成為全美國薪水最高的上班族，主要是因為我擁有迷人的魅力。我的人格、品德、與人相處的方法，都是我的成功秘訣。但是，我最迷人的還是那發自內心的微笑，至少價值一百萬美元。」

用熱情融化他人，用禮貌為友情加分

禮貌和熱情也是人際交往中有用的技巧，《塔木德》裡說：「請保持你的禮貌和熱情，不管對上帝，對你的朋友，還是對你的敵人。」

眼看就要大學畢業了，張新與同學們都緊張地四處投遞履歷，但回音寥寥。這一天，張新聽說有一家知名外商到學校招聘，他與幾個要好的同學興奮地前往，希望能一睹國際一流企業員工的專業風采。張新被現場這些禮貌、周到又充滿熱情的工作人員感染，並立志要成為他們當中的一員。

經過第一輪篩選，初步選中了六人，並約定了複試時間，張新便是其中之一。之後，經過多次篩選，最後就剩下張新與外校的另外三名學生，需要該企業駐華辦事處總經理面試。儘管大家都認為這最後的面試只是形式而已，無關緊要，但張新卻不這麼認為，他告誡自己，一定要向他在學校看到的那些招聘人員學習，隨時保持對人的熱情和禮貌。

面試當天，他與另外三名外校學生信心滿滿地走進總經理辦公室。這時，總經理對他們道歉說：「非常不好意思，我臨時有點事要出去二十分鐘，你們能等我嗎？」他們異口同聲地回答：「當然可以！」總經理出去以後，另外三名學生嫌等著無聊，看到辦公桌上有幾本時尚雜誌，便都湊過去，一本本地翻看著。儘管張新一再禮貌地提醒他們，但是另外三名同學認為，看幾本雜誌沒什麼大不了，並未理會。

二十分鐘後，總經理準時回來，他轉身對張新說：「請你留下，另外幾個同學可以回去了。」看到其他三人面面相覷的樣子，總經理解釋說：「我們公司不需要未經同意便隨便翻看他人東西的人，這是最基本的禮節。他一直禮貌地提醒你們，你們竟然都沒有意識到自己的問題。最關鍵的是，他從一進到公司開始，便熱情地跟每一個與他會面的人打招呼。」

面對周圍的人，盡情展現熱情和禮貌是非常重要的。心理學家阿希（Solomon Asch）在一九四六年做了一個實驗：他將大學生分成兩組，每人都拿到一張表格，上面用七個形容詞描述某個人的特質。第一組的表上寫著「聰明、靈巧、勤奮、熱情、果斷、實際、謹慎」，第二組的表上除了將「熱情」換為「冷淡」之外，其他的詞與第一組相同。然後讓受試者評價這個人。結果發現，第一組受試者多數認為此人慷慨、幸福、人道，而第二組的評價幾乎相反。阿希又分別用「文雅」和「粗魯」代替「熱情」和「冷淡」，發現兩組受試者的評價幾乎沒有太大差別。這說明「熱情」

冷淡」是核心品質，而「文雅－粗魯」則不然。熱情是一種做人的態度，更是一種對生活的態度。

如何用熱情去融化他人，感染他人？可以主動與同事打招呼，適時地攀談幾句閒話，而不要只是點點頭或微微一笑。平時多加入大家閒聊的話題，避免帶給人們冷漠的印象，或者主動幫助別人，不要等人求助時才出手救援。這些行為都可以讓人留下熱情的印象，再加上其他優點，一定會令你的人際關係突飛猛進。

一點點幽默，能降低人與人的「摩擦係數」

幽默是一種人際溝通的表現，能促進人際互動，增進友情、親密感，以及獲得他人的贊同。幽默可以有效地降低人與人之間的摩擦係數，化解衝突和矛盾。

幽默具有扭轉乾坤的神奇魔力，讓人心甘情願地接納原本不願意接受的事物，去做原本不願意做的事情。依據「人際吸引理論」，人們喜歡與自己擁有相似態度或價值觀的人，因此同時為某件事而笑，是發展友誼的第一步。幽默的語言能使社交氣氛輕鬆、融洽，有助於交流。幽默也是一種語言藝術，在人際交往中發生摩擦時，往往能發揮緩解緊張氣氛的作用。

說話帶點人情味，能讓敵人變朋友

卡內基在《人性的弱點》中指出：「每個人都希望除己之外的所有人虧欠自己，卻不希望虧欠除了自己之外的所有人。」話很拗口，道理卻很明瞭。在我看來，這也是人際破冰的一個有效技巧。舉例來說，你和小李認識不久，彼此還不熟，有隔閡存在。某天，因為某些事情，你覺得小李虧欠了你。日後一旦你有求於他，心裡自然多了一份坦然。即使你並不需要他的幫助，你們的相處也一定會順暢很多。

小孫平時總愛喝個兩杯，喝多了就愛鬧事，瞭解他的人知道他有這個缺點，也就不會多跟他計較。

這天，他們公司來了一位新同事小王。小王是個嚴謹木訥的小夥子，平時不怎麼愛說話。一次偶然的機會，公司裡幾個同事又聚在一起吃飯，當時同桌的就有小孫和小王。

吃飯自然離不開喝酒，喝著喝著小孫就喝多了，於是在酒桌上鬧起來，小孫非要小王跟他一起喝，還說了一些要脅小王的話。沒想到小王性格也剛烈，堅持不喝。已經喝多的小孫可不管，照樣脫口謾罵，小王憤然離席。

事後，小孫懊悔不已，拜託兩人都熟識的同事去求和，但小王就是不接受他的道歉。兩人同屬一個部門，平時性格開朗的小孫因為這個過節感覺很不舒服，卻又沒有辦法破解。

某天早上，小王接到了一通電話後，顯得非常焦急。小孫仔細一聽，好像是小王的妻子突然有了早產的徵兆。小孫知道小王剛剛買房不久，自己沒車，於是他趕緊湊上前去關切地問：「小王，你太太要生了是嗎？」

小王看小孫面帶關切，並無惡意，也就點了點頭。小孫說：「先別急，我開車送你，你先收拾東西吧，我現在去跟主管請個假。」

經過這件事，兩人自然成了好朋友。小王逢人便說小孫為人俠義、熱情，在年底的職位競選活動中，小王還投給小孫非常關鍵的一票。

雖然人情有的時候不是那麼容易就被欠，但是找對方法，伺機而為，就能發現機會。在人際溝通的過程中，如何破冰其實並沒有一定的規則，對話的雙方要根據具體的時間、地點、對象的心理特質，以及造成冷場的原因，採取不同的應對方法和策略。

TED 經典語錄

當我做一些微小的、持續的改變，也就是可以繼續不斷進行的事情時，我比較有可能堅持下去。

——麥特．庫茨（Matt Cutts），Google 搜尋引擎最佳化專家

1 學TED演講者， 練就說話、回話的本事

Column 2

TED CEO親自解說 5招打造完美演說

500萬人都在學！

「我們滿懷熱情地相信：思想的力量足以改變態度、生活，最終改變世界。」這是TED成立的使命，也因為秉持著這樣的核心價值，TED才能吸引無數人觀看與分享。

除了普世認同的使命之外，在全球大受歡迎的TED，有所謂的「成功演說模式」嗎？TED總監克里斯・安德森說：「有些人認為TED演講有一套公式，在圓形的紅地毯上演講、分享童年往事、透露私人秘辛、結尾要能激發人有所行動等等，並非如此，不該這樣來看待TED演講。其實如果過度依賴這些小把戲，只會給人老套或

Column 2

是操弄情緒的印象。」他在《TED精彩演講的秘訣*》影片中親自上線說明，透露了能夠讓聽眾腦海成功接收演講者理念的幾個要點：

首先，一次只講一個理念，作為貫穿整場演講的主軸。理念是很複雜的，為了讓演溝者本身和觀眾可以全神貫注、完整闡述和接收，就必須聚焦在演講主題。要言之有物、善於舉例，讓每一段陳述、案例都能回溯、印證主軸，並且搭配生動靈活地演出，讓人容易理解且印象深刻。

其次，要激起觀眾的好奇心，讓人認為有必要聽下去。可以運用扣人心弦、發人省思的問題，來點出觀眾內心已然存在的懷疑或未意識到的疑問，那些似是而非、其實並不合理、需要進一步說明的事情或觀點。一旦指出某人世界觀裡的斷點，讓他們感覺有銜接知識斷層的必要，便會渴望瞭解、傾聽你的理念。

*詳見TED官方網站，題目為《TED精彩演講的秘訣》演講影片。

三、從觀眾的感受出發，逐步建構你的理念。有時演講者會忘記，自己熟悉的專業術語對觀眾而言是完全陌生的，因此要用觀眾的語彙、已經理解的概念為基礎來比喻。例如當珍妮佛・卡恩（Jennifer Kahn）在解釋生物科技 CRISPR 時說：「就好像你第一次擁有編寫DNA的文字處理器，CRISPR 可以讓你輕易地剪下、貼上基因資料。」立刻就讓人恍然大悟！

最後，創造具有分享價值的理念。演講者要誠實地自問：「這個問題造福了哪些人？」如果一場演講只能讓你或你的組織受益，那麼

Column 2

它大概就不具有分享價值。「但如果你相信它可以點亮他人的一天，或改善他人的觀念，又或者激發他人改變做法，那麼你就有了精彩演講的核心要素，可以帶給觀眾或所有人一些收穫。」安德森說。

附加一點，練習是完美達陣的秘訣。雖然一場TED演講不超過十八分鐘，但在準備演講的過程中，主辦方會花長時間與每位TED演講者來回討論，以期在規定時間內將最精華的訊息完美呈現。例如PPT如何達到最佳效果、哪些橋段須縮短或加長，更有講者在上台前私下練習不下二百次。因此，找信任的朋友幫忙排練，請他們找出困惑的內容及盲點，是絕對必要的。

“

演講，或者說當眾講話是一項非常重要、實用的能力。想要在社會上適應良好、縱橫職場，除了扎實的專業技能之外，必須學會演講，尤其是脫稿演說、即興表達。

一直以來我們信奉著「行動勝於言辭」的原則，也就是少說多做、夾著尾巴做人。但在經濟全球化的今天，良好的表達能使得與人溝通更加順利，更能抓住機會。學會演講，尤其是脫稿演說勢在必行。

”

lesson 2

學賈伯斯、歐巴馬 一上台就能脫稿演說

演講的三重境界，你在哪一層？

王國維在他的著作《人間詞話》中，提出了關於辭賦鑑賞和藝術創作的三重境界：「詞以境界為最上。有境界則自成高格，自有名句。」「境非獨謂景物也，喜怒哀樂，亦人心中之一境界。故能寫真景物、真感情者，謂之有境界。否則謂之無境界。」意思是說有境界的作品，在表達情感方面，必然要能讓人心生感動，極富有感染力，描寫景觀時，必須能夠讓人耳目一新。同樣地，演講也是如此，有境界的演講情真意切，不僅可以傳情達意、傳播思想，還可指點江山、撫恤萬民，展現人格魅力，點亮聽眾心靈的燈。

因此，我也把演講分為三重境界。第一重境界，「昨夜西風凋碧樹，獨上高樓，望盡天涯路。」有我之境也，引申到演講中則是用口。第二重境界，「衣帶漸寬終不悔，為伊消得人憔悴。」此乃無我之境，演講中不僅用口，而且要用心，這就是我一直以來提倡的「我口說我心」，也就是任何時候都要真實地表達自己。第三重境界，「眾裡尋他千百度，驀然回首，那人卻在，燈火闌珊處。」這是演講的最高境界——我中有你，你中有我，演講者與聽眾完全融合在一起。演講者是用生命去演講，去表達。

用口演講

這是演講的基本境界，說出來的話能夠表情達意，讓現場的聽眾或者在座的人聽懂你要表達的主題。普通人稍加練習，便可達到這層境界。只要能夠克服怯場等不利因素，敢在人前表達出主要論述的主題，並且語言流暢，表現自如，便算得上是用口演講。

用心演講

我在《領導者語言藝術訓練》一書中曾經為「演講」下過這樣的定義：演，指投入；說，指敘述。投入地敘述一件事就叫演講。所謂的「我口說我心」，其實就是強調演講者腦子裡要有畫面，整個演講就像一幅幅畫面銜接起來的電影。

北京衛視《我是演說家》節目中，有位叫劉媛媛的女孩脫穎而出。有一次我觀看了她的演講，發現她的演講技巧一般，但一直堅持著我口說我心。也正是她的真誠，為她贏得了觀眾的掌聲和信賴，也贏得了不錯的名次。

用生命演講

用生命演講就是要做到人神合一，達到忘我的境界。失去自我的同時，也就與聽眾完全融合在一起了。《我是演說家》的參賽者董麗娜就是用生命在演講，她是位視障者，也是一位語言藝術工作者。當她在進行《別把夢想逼上絕路》的演說過程中，全然忘記了自己是誰，彷彿是在說別人的故事，她只是故事中的一個過客，一個坐在現場的聽眾。

當然，讀者們不必做到用生命演講，畢竟各位並非把演講作為賴以生存的工具。大家只須做到，每當需要站上舞臺中央，或者起身發表一段演講的時候，能夠我口說我心就足夠了。

經常有人問我：「李老師，您演講了那麼多場，哪場最精彩？」我總是回答說：「下一場！」當一個人認真從事自己熱愛的工作和事業的時候，就容易成功。用心去講話，用心去學習，用心對人、對己、對社會。這也是我們常說的，熱愛是最好的老師，一流的狀態就會有一流的成績。

TED 經典語錄

如果你沒有犯錯的心理準備，就永遠無法發揮原創性。

——肯．羅賓森爵士（Sir Ken Robinson），國際知名創新、創造力與人力資源專家

克服上台怯場的三條金律

學習演講與學習其他任何技巧一樣，都是在不斷嘗試和失誤中逐漸進步，因此勇敢地邁出第一步才是關鍵所在。只有跨出的這一步成功了，才可能體驗演講帶給你的各種感受，並讓愉快、美好一步步替代緊張、驚慌的恐懼感。

「不懂得提起，就不會明白放下；想放下什麼，要懂得提起什麼。」那麼，想放下恐懼，就先提起勇敢；想放下面子，就先提起榮譽；想放下怯場，就要提起行動，勇敢地邁出第一步！

克服怯場金律一：開頭說「我現在非常緊張」來緩解壓力

學會認同自己，大大方方地向別人說出你的緊張，也是有效避免怯場、緩解臨場壓力的一種方法。與人初次會面，或準備起身說話、演講時，一定會有某種程度的不安，對任何人來說都是很自然的，完全不必覺得丟臉。

美國口才大師詹寧斯．伯里安（William Jennings Bryan）初次上臺演講時，兩個膝蓋顫抖得碰在一起。美國幽默作家馬克．吐溫第一次當眾朗讀時，口中像塞滿了棉花。印度前總理英迪拉．甘地（Indira Gandhi）初次發表演講時「不是在講話，而是在尖叫」。古羅馬雄辯家西塞羅（Marcus Tullius Cicero）開始演講時臉色蒼白，四肢和整個心靈都在顫抖。被喻為二十世紀八大演講家之一的英國前首相溫斯頓．邱吉爾（Winston Churchill），開始演講時心窩裡似乎塞著一塊厚厚的冰塊。人人都會怯場，只是那些成功的口才藝術大師因為經常上場演講，擁有幾分克服怯場的經驗，使怯場的影響降到最低程度，不至於外露而已。

克服怯場金律二：上台前，你重複練習幾次？

不論對待任何事，都應該像迎接即將來臨的新年那樣，必須裡裡外外打點一番，做好準備。演講、座談之前，充分的準備能讓人有成竹在胸的大膽。愈是困難的問題，愈容易治療羞怯的毛病，因為當你知道要討論的問題，自己懂的比別人多時，必然會充滿自信。

一位演講顧問曾評估，充分的備戰可以消除百分之七十五的怯場感。試想，當演講比賽到臨的時候，你已經對題目研究得非常透徹、準備得很充份。你的演講稿經過反反覆覆地撰寫和修改，已像一顆精心打磨的寶石光彩熠目。再加上練習過太多遍，已經可以流利、充滿感情地表達出來，同時伴有很好的眼神交流。在這種情況下，你怎能不對自己的成功充滿信心呢？

克服怯場的三不金律：「相信自己一定可以」的吸引力法則

吸引力法則告訴我們，每個人都是一部能量強大的發射機，你發射什麼樣的信號，整個宇宙就回饋你什麼樣的信號，也就是說，你想什麼就會得到什麼。

我們都有學騎腳踏車的經驗，當你在練車的時候，雖然騎在一條寬闊的馬路上，而且路上就你一個人在騎車，還是會不由自主地緊張，心裡想著千萬不要撞到人。這時，你突然發現對面走過來一個老人，於是更加緊張，此刻你的想法是：「千萬不要撞到她！」並且在心裡一遍遍重複這個念頭。然而事情就這麼發生了，你一不留神就撞到老人。

這個故事告訴我們，吸引力法則中的一條定律：當個人的意念太過集中時，必然會形成一股強大的能量，以至於期望不要發生的場景，在生活中就真實地發生了。

美國參議員湯姆小時候長得非常瘦小，看起來弱不禁風。他為此感到很苦惱，但他的母親經常鼓勵他：「病弱的身體可能會一輩子跟著你，所以你要用頭腦來取勝啊！好好努力吧！你會成功的！」

在母親不斷地鼓勵下，慢慢地，小湯姆愈來愈自信，上大學後，他受命參加演講比賽，並取得第一名，成功開啟人生的幸福之門。

如果我們擁有堅信自己能做成某件事的信念，就極有可能會取得優異的成績。儘管這件事最終沒有達成，也會發現我們從過程中得到的收穫，已經遠遠超過最初的目標設定。從另一個角度來看，如果你總是預測自己註定遭遇失敗和災難，幾乎永遠會得到這樣的結果，演講尤其如此。否定自己的演講者，比肯定自己的演講者更容易被怯場的情緒擊敗。

當我們在沒有充分準備的情況下，突然被點名發言的時候，一味地緊張也於事無補。此時，你的下一步行動是站起來發言或者走向講臺演講，因此不妨吐口氣，做個深呼吸，把壓力排解出去，讓自己的身體、心理得以舒展，然後不急不徐地表達想說的話。如此一來，儘管你心中仍有恐懼，聽眾也難以察覺。「不消極，不恐懼，深呼吸，走上去」是我們克服怯場、消解臨場恐懼的不二法門。

不懼怕座上聽眾，並不表示可以有恃無恐，以不實的資料或陳腔濫調胡扯一通，這樣必然遭人嫌惡。演講是一種以思想、理性和激情感染他人的活動，演講者本人必須具備相當高尚的品德才有可能征服聽眾、打動人心、激勵他人，發揮演講應有的作用。

TED 經典語錄

成功的團隊、企業都是經歷一場又一場深刻的辯論，才得以形成的。

——瑪格麗特．赫弗南（Margaret Heffernan），知名企業家、作家

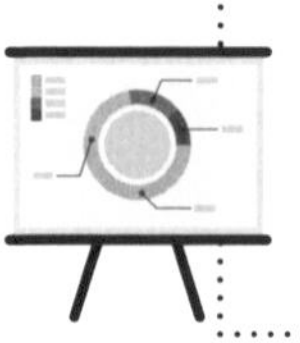

優秀的演講者，該具備哪些能力？

想要收穫好的演講效果，前期的準備非常重要。演講沒有準備，就如同軍人不帶子彈上戰場，當下的緊迫及壓力不言而喻。很多被大家公認演講口才好的人，也許在台下準備過無數次沒有發表的演講，也許研究過類似的資料，或是幾十年如一日地堅持並累積大量的臨場經驗。那麼，在登臺演講之前，我們需要做哪些準備工作，才算得上是有備而來？

樹立良好的演講藝術觀

演講不僅僅是口才好，嚴格意義上說，它是一門藝術，是演講者展示自己的媒介，而聽眾可以通過演講者的現場演說瞭解他的思想、觀點及主張，確認是否與自己的價值觀吻合。在二〇〇八年的美國大選中，作為後起之秀的民主黨候選人歐巴馬之所以能夠戰勝資深的政治家希拉蕊，傑出的口才功不可沒。

在演講前整理並形成一定的演講藝術觀，是非常必要的。那麼，應當樹立怎樣的演講藝術觀，才能讓演講者發揮最大的能量呢？以下是我根據多年的經驗整理、總結出來的觀點，與各位分享。

應當樹立什麼樣的演講藝術觀

少說批評的話，批評只是一種阻力；多說鼓勵的話，鼓勵才是基本功。

少說抱怨的話，抱怨只會帶來記恨；多說寬容的話，寬容才會增進瞭解。

少說拒絕的話，拒絕只會形成陌路；多說關懷的話，關懷才能獲得友誼。

少說諷刺的話，諷刺顯得輕視卑微；多說尊重的話，尊重才能激起同理心。

少說命令的話，命令只是強行接受；多說商量的話，商量才能讓人參與並積極體驗。

上台前，做好心態調適

做好心態調適，以積極樂觀的心態面對演講。心態對了，其他的一切都不是問題。美國著名心理學家威廉．詹姆斯（William James）說過：「行動看起來像是緊隨在感覺之後產生的，但事實上它與感覺並行。行動受意念控制，我們可以透過意念控制行動，也可以間接控制感覺，但感覺卻不受意念的直接控制。」因此，在演講之前調適好自己的心態非常重要。

威廉．詹姆斯同時還提出了如何讓自己快樂、增加自信的方法，他說：「假如我們失去了原有的快樂，那麼讓你找回快樂的最佳方法，就是快快樂樂地坐下來，讓自己表現得本來就很快樂的樣子。如果這種方法還不能讓你覺得快樂，就沒有別的辦法了。所以，讓自己感覺很勇敢，而且表現得好像真的很勇敢，並竭力運用你所有的意念去達到這個目標，如此一來，勇氣就很可能取代恐懼。」

不斷練習，就能形成個人獨特的演講風格

沒有人喜歡千篇一律又格式化的演講風格，因此必須塑造個人的演講風格，並試著努力把自己最精彩的一面展示給聽眾。「做自己，其他的角色已經有人扮演了。」

（Be yourself, everyone else is already taken.）。是的，世界上沒有完全相同的兩個人，大家都有自己的個性和特點，也正是這些不同才組成這多姿多彩的世界。

一場能夠打動人心的演講，絕不是被格式化的演講。我們應該努力挖掘自己獨特的性格特質，並善於把它表達出來，形成自我獨有的演講風格，塑造個人鮮明的形象，如此才容易被觀眾接受和認可。

然而，很多時候，我們並不瞭解自己，因此會難以判斷和確定到底該走何種路線。剛開始練習時，不妨找一些與自己氣質、習性相近的名人演說影片，反覆觀看，勤於抓出重點，並適當地加以模仿。人類透過模仿獲取知識，如果這種演講方式讓你感到自在，不妨在此風格中不斷融入自己的個性和特質，進而形成自我的風格。

個人演講風格的形成是一個自然而長期的過程，需要長時間堅持和不斷練習，並非一蹴而就。其實任何一件事情都是如此，只有持續不斷地練習才能達成目標。此外，切忌為了追求獨特風格而刻意表演，結果只會適得其反。

TED 經典語錄

無知和恐懼只是思想的問題，而思想是可以改變的。

——丹尼爾．基什（Daniel Kish），人體聲納專家

該如何寫好一篇文情並茂的演講稿？

演講稿是演講的依據，它能幫助演講者確定演講的目的和主題、整理思路、提示內容、把握節奏、限定時速、斟酌用語、提高語言表達能力，以及增進演講稿寫作的研究等。此外，一篇好的演講稿，也能在一定程度上緩解演講者的臨場壓力。因此如何寫好演講稿，對於一場演講而言，意義重大。

確定主題，瞭解台下聽眾是誰

演講是講給聽眾聽的，因此寫演講稿首先要瞭解聽眾，包括他們的思想狀況、文化程度、職業，以及所關心和迫切需要解決的問題。若不去管下面的聽眾是誰，那麼即使演講稿寫得再生動，說得再動聽，也無法真正打動人心。

觀點鮮明，讓聽者眼睛一亮

一篇好的演講稿一定是觀點非常鮮明，顯示出演講者對人事物的認識、對客觀事物見解的透徹程度，給人值得信賴的感覺。若非如此，就會因為內容缺乏說服力，使演講失去作用。

分層次說自己的故事，更具有說服力

整理演講素材，也是一項細膩又具創造性的工作。人常說講道理不如講故事，講偉人的故事不如講身邊人的故事，講身邊人的故事則不如講自己的故事。你的現身說法對別人更具說服力。

仔細列出自己的經歷並將它們分類，之後再分別統籌安排，猶如打造一個有許多抽屜的櫃子。我列出自己的經歷整理如下：一個農村青年，高中畢業後當兵，之後再上學，接著在北京工作，轉職後當記者，後來經營文化公司，在大學教語言等等。

我把這些經歷分為幾個階段，任何一個階段都可以找出幾個代表事件。於是，我列了一張長長的清單，然後對照這個單子進行分類。有的故事跟微笑相關，我就把它分到「微笑」的抽屜裡；有的故事跟熱情相關，我就把它分到「熱情」的抽屜裡；有的故事跟人情相關，我就把它分到「人情」的抽屜裡等等。最後把所有的抽屜關上，素材就這麼形成了。這也是我一直提倡的演講稿寫作技巧之一——櫃子原理。認真體會這個原理，你會發現照這樣去寫講稿，層次感自然就出來了。

同時，我要強調，抽屜不僅要打得開，還要能夠關上。如果有段經歷你不喜歡，那就把它清空，對於印象深刻又特別有感覺的部分，可以講得多一點，寫得多一點。

人類的大腦是需要不斷整理的，只有這樣才能隨時保持清醒和靈活。在現今社會，人們疲於奔命，需要接觸各式各樣的人事物。久而久之，大腦裡的資訊紛繁龐雜，很難理出頭緒。因此，我們平時一定要多加思考，學會清空大腦中的資訊，才能使思緒清晰，提高工作效率。我一直強調，演講的技巧其實適用於生活、工作、學習的各個面向。

內容幽默風趣，台下聽眾不易睡、好記憶

演講者若想把頭腦裡構思的一切都寫出來或說出來，讓人們看得見、聽得到，就必須借助語言這個交流思想的工具。語言運用得好壞，對演講稿寫作影響極大。要提高演講稿的品質，就必須在語言的運用上下一番功夫。要儘量口語化，容易上口入

耳，這是對演講稿的基本要求。同時，還要通俗易懂、生動感人。如果只是核心思想好，而語言乾巴巴、味同嚼蠟，這樣的演講也是無法打動現場聽眾的。

TED 經典語錄

（物理學）是很棒的思考框架……總之，要去思考最根本的真理，並且從中論證，而非類推。

——伊隆．馬斯克（Elon Musk），特斯拉汽車執行長

Column 3

從 TED Talks 學寫作最難的破題術

好的開場是成功的一半！

不論是一場演講、一篇文章，甚或只是一場重要的談話，開場或破冰都是難度最高的技術，足以影響成敗。一張高達七千五百美元的TED大會入場券，必須保證每場十八分鐘的演講都是最高水準的演出。因此，TED演講的開場更是重中之重，也是學習開場與破題的最佳範本。從中可以歸納出幾個有效的切入點：

1「好巧」切入法

設法找出主題與觀眾間的關聯性，讓他們認為：「這個話題正好跟我有關。」「我的狀況正是如此！」然後順利對號入座。例如在《姿勢決定你是誰*》中，講者艾美・柯蒂（Amy

Column 3

Cuddy）一開頭就要觀眾檢視自己的姿勢，果然人人破綻百出！

2 「好奇」切入法 讓觀眾產生「聽起來很有趣！」「真的是這樣嗎？」的想法，例如：前所未聞的事物、吊人胃口的懸疑故事，或是與觀眾既有的認知相違背、讓人想要探究答案的問題。《拖延大師的腦子在想什麼*》中，專治拖延症的大師提姆・厄本（Tim Urban）一開場就分享自己總是拖到最後一刻的慘狀，讓人好奇他是如何擺脫拖延症！

3 「好用」切入法 讓觀眾直覺「這個資訊很重要。」「這個觀念（技巧）很值得學習！」像是演講者親身達成的成功經歷，或者經過證實或有數據支持的知識、理論、方法等等，將更具有說服力。例如《如何想出絕妙好點子*》中，OK Go 樂團一開場就以自己的「人體骨牌」MV展現他們奇蹟般的創意過程。

*參考TED官方網站，題目為《姿勢決定你是誰》、《拖延大師的腦子在想什麼》、《如何想出絕妙好點子》等演講影片。

這些技巧，讓脫稿演講更精彩

演講稿寫好之後，首先要熟記。背誦演講稿是一件非常苦悶的差事，需要下苦功。俗話說：「臺上一分鐘，臺下十年功。」說的便是這個道理。背誦演講稿究竟有沒有捷徑？可惜還真的沒有！不過，掌握一定的方法可以節省一些時間。

記好記滿有妙方，勤加練習不能少

經過這些年實際的演講經驗，我歸納了一套簡單易行的長文記憶法，並把它總結為一句順口溜：「通讀三遍定小題，小題之間找聯繫，一段一段往下記，這篇文章成我的。」

1 通讀三遍定小題

寫好演講稿後，先通讀三遍，接著閉上眼睛，用心去體會這篇演講稿帶給你的各種感受，從中領略它的美好。你愈想會對它愈滿意，產生想要通篇背誦的欲望。如此一來，就能全面掌握整篇文稿。

接下來，把演講稿進行分段，從每個段落開頭或者段落中，擷取關鍵字作為小段標題，強化記憶。

2 小題之間找聯繫

以演講稿的主題為中心，並帶出小標題，從中尋找它們之間的關聯性與必然性。

3 一段一段往下記

透過關鍵字標題，已經將每段的內容聚焦了，這時可以各個擊破。將演講稿一段一段地背誦下來，再根據前面找到的關聯，那麼整篇文章在你的腦海中就形成一個基本框架。

4 這篇文章成我的

按照上述的步驟進行，只需要多加練習，讓這些文字先進入你的心裡，就能自然地通過你的嘴把它們吐出來。剛開始可能會覺得生疏，不像自己的東西，經過多次練習後，會覺得這就是屬於自己最精彩的演講稿。

做好開場白，要在一分鐘內打動人心

好的開始是成功的一半，演講者的幾句開場白，往往能讓台下的聽眾感覺到是生疏或親切，高傲或謙和，矜持還是灑脫等等。因此，抓住上臺後的那一分鐘至關重要。有的演講者一上臺就向聽眾道歉，用「自己不會講話」之類的詞自謙一番，實在是一種陋習。葉聖陶先生舉過一個例子，一位演講者屁股沒坐穩就說：「今天本來沒有準備，實在是沒什麼可說的。」葉先生說：「誰都明白，這其實是謙虛。」

演講者這種自謙並非一定出自本心，只不過是遵循開場客套的陳規，難怪有人一聽到這樣的開頭，就認為接下來講的都是廢話。有人說，演講開始五秒鐘之內就要抓住聽眾的注意力。當然，要一直保持這種吸引力很不容易。但是如果不能一開始就吸引聽眾，之後演講者必須付出更大的努力，才能激起聽眾的興趣。

那麼，如何才能讓每場演講都有一個精彩的開頭呢？我總結了八個字：「百花齊放，因地制宜。」也就是說，面對不同的聽眾、不同的現場環境，要說不同的話，做到「見到秀才說書，見到屠夫說豬」的靈活。

有一次在國際飯店舉辦活動，主持人說希望我與大家分享一堂課。當時我在電視臺從事導演工作，我站到臺上說：「各位好，我是做導演工作的，執導過很多作品……」

想一想，這幾句話說出去會產生什麼效果？肯定有些人心裡會開始想，難道你比張藝謀還厲害！但是接下來我說：「回想自己十多年的導演經歷，我雖然導過很多作品，但是沒有一部可以說得出來，能給大家留下印象的……」大家聽到這裡又會感覺這個人還算謙虛。於是接下來我便說：「因此，總結自己的導演工作，充其量也就是個一流導演，三流是夠不上的。」於是，現場人員聽到這裡哈哈大笑，心裡想著此人還算得上幽默。我繼續說：「各位，今天既來之則安之，接下來給我四十分鐘的時間，我給大家介紹一個新的東西。你可以不參與，但不要拒絕瞭解。」這些話每一句都能走進人們的心裡。
其實我是想告訴大家，一上臺要控場，幾句話就讓現場的聽眾跟著你的思路走，這一點很重要。

隨時隨地，面對不同的人要用不同的開場，也就是大家常說的「到什麼山頭唱什麼歌，見什麼人說什麼話」。很多時候，我們往往寫了一篇很精彩的演講稿，有一個無與倫比的開頭，但由於演講常常受到現場氛圍影響，原來設計的開場白在當下的場景可能並不適用，此時不妨大膽地根據現場情況擬一段即興的開場白。把演講的內容與現場氣氛緊密聯繫在一起，更能引起聽眾強烈的共鳴。

前蘇聯作家高爾基（Maxim Gorky）在參加一個大型會議時，看到大家不停地為他鼓掌和歡呼，他臨時改變了原來的發言，即興說：「如果把花在鼓掌上的全部時間計算起來，時間就浪費太多了。」此話一出，台下笑聲一片。這樣的開場白一下子拉近了高爾基和現場聽眾的距離，令大家倍感親切，同時也成功地表現出高爾基謙遜和幽默的一面。

養成有效表達的思維方式，是聽眾能否接受的關鍵

無論從事什麼工作，首先要有好的思考方式。在生活和工作中我們經常碰到這樣的人——翻來覆去地講，就是沒人明白他在說什麼。這跟他的口才無關，而是他的腦袋出了問題，說穿了是他的思路不夠清楚。

所以，想要說得好，就要想得好。有一句話說：「思路對了頭，一步一層樓；思路不對頭，步步栽跟頭。」若是連想都想錯了，愈努力得到的結果反而愈糟糕，因為你在背道而馳。

1 逆向倒轉思考法——化貶為褒

逆向倒轉，顧名思義就是面對問題，反過來想一想，看看能不能化褒為貶，化貶為褒，化正面為反面，化反面為正面。反過來想一想，找到自己談話的切入點，或者解決問題的辦法。

我們經常看到一些老闆批評年輕人：「小張啊，我看你這個人就是這山望著那山高。」在這樣的語言環境裡，如果不想反駁就禮貌地說：「老闆，您說得對，謝謝您的指點。我以後會注意，謝謝！」

如果你還想趁著表達自己觀點的同時有所表現，該如何回答呢？不妨運用逆向倒轉思考法這麼說：「老闆，您說得對，我剛畢業，想法是多了一點，但也不見得是壞事，如果在我們公司每個人都有創新思維的話，我想局面一定會不一樣，」然後接著說：「以後還請您多指教，如果我有做不好的地方，請您多指導我！相信對我日後的工作會有所幫助，謝謝您！」這樣既謙虛又有深度，方向也非常明確。

2 追本溯源思考法——操縱從眾心理

追本溯源，顧名思義就是往根源探索。在生活中，多走一步會有多一步的收穫，成功可以累積經驗，失敗可以得到教訓，經驗和教訓都是財富。透過現象看本質，這就是追本溯源思考法。人類共同的特點就是懶惰，懶得思考。心理學有個觀點叫「從眾心理」，就是別人怎麼做我就怎麼做，很多人都在做邯鄲學步的事情。

想要過得更好、有所成就，就得學會突破自我，有自己的想法，知道自己要做什麼。因為有時候出發太久了，會忘了要到哪裡去，天天忙忙碌碌，也不知道在忙什麼，直到年底時檢討一年來的辛苦，才發現什麼也沒做，因此帶著思考前行特別重要。

說到對日本經濟的看法，如果大家談的都是日本很富有，是經濟強國，未免太過膚淺。我們可以用追本溯源思考法來探討這個話題，多問幾個為什麼。

日本是第二次世界大戰的戰敗國，日本戰後提出了「為了明天少生孩子」

政策。於是，人口出生率陡然下降，人口素質明顯提高。他們要求中學生、小學生課間的時候都喝一杯牛奶。

有一次，北京舉辦冬令營活動時，我發現有的日本孩子竟然比中國同齡的孩子高出半個頭。他們的耐受力、抗壓性也比我們的孩子好得多。中國的孩子在中途遇到問題，爺爺奶奶、爸爸媽媽就接手了，而日本的孩子克服了重重困難，最終抵達終點。

根據這個現象，媒體得出結論：「一杯牛奶強壯了一個民族。」但事實真的是這樣嗎？當然不是。利用追本溯源法我們發現，孩子的勇敢、堅毅其實跟牛奶沒有什麼必然的關聯，而是跟家庭教育有關係。

3 縱橫交錯思考法——說個故事最有效

所謂縱橫交錯思考法，就是將所有的事情從縱向或者橫向剖析，換個角度看問題、思考問題。不要凡事只看一個角度，任何事情有利就有弊。

有一對熱戀中的年輕人，男孩曾向女孩許下海誓山盟：「我愛你，以後我就是為你而生，我會永遠保護你。你要我做什麼，我就做什麼！」兩人如膠似漆。

有一天，這對年輕人去看電影。就座後不久，前排坐進來一個中年男性，頭髮很少，頭頂好像抹了好多藥膏似的。女孩一看覺得很不舒服，下意識就站起來想換位子，突然想到售票員說過要對號入座，於是只好又坐了下來。

但是，女孩心裡面一直為這事感到不舒服，想起男友曾經對自己說過，為了她什麼都可以做，於是就對男友說：「你不是說為了我什麼都可以做嗎？你把他打走。」男孩用質疑的目光看著女友，女孩瞪他一眼，那眼神分明是在強調：「你不是為了我什麼都可以做嗎？」年輕人一看，不敢不從，靈機一動，就朝著那人的後腦勺打一下，然後故作驚奇說：「老曹，你也來看電影啊！」那人回頭一看根本不認識這男生，便說：「你認錯人了吧！」男孩趕緊說：「大哥，對不起！真對不起，認錯人了。抱歉、抱歉、抱歉，非常抱歉！」那人一看小夥子認錯態度好，就沒理他。

女孩看那人根本沒動，於是繼續示意男友打他，男孩只好上前又打了一下說：「老曹，你幹嘛？都是朋友還裝不認識，幹什麼呀你！」還說得很委屈，好像那人很不上道，假裝不認識自己。那人也有點急了：「我說過了我不是老曹」，就差掏出身份證驗明正身了。男孩也不跟他吵，只是一味地道歉。

這時候電影開始了，在公共場所要顧全大局，於是女孩也沒再繼續使性子胡鬧，兩人安靜地看電影。儘管人也打了，可是人家還是沒走，女孩的氣還是沒消。

電影散場後，這對年輕人跟著離開，剛才在他們前排的那位「老曹」也在前面走著，女孩愈想愈覺得鬱悶，於是又示意男友再打那人一次替自己解氣。

男孩不太願意再冒險了，但禁不起女友一個勁地撒嬌，愛情的力量真偉大，男孩覺得考驗自己的時候到了。他三步併作兩步，追上那人又是一巴掌，在手落下的同時大聲說道，語氣裡盡是責備：「老曹，你在這呢！害我在裡頭認錯兩次！」那人一看又是這個小夥子，也鬱悶得很。男孩說：「哎呀，大哥，怎麼還是您？真抱歉，您打我一頓吧！」

講一個小時的大道理，不如講十分鐘的故事讓人感悟更深。其實我是想用這個故事告訴大家，只要肯動腦，辦法總比困難多。當山不能向你走來的時候，你就向山走去，同樣都是在縮短距離。

4 攻其一點思考法——以談深談透致勝

攻其一點，就是當大的問題駕馭不住的時候，把問題引導到自己熟悉的領域，從一個小的切入點談深談透。如此，同樣可以贏得喝彩。

有一天，我比平常早回家，於是就待在客廳看電視，正好看見電視臺的街頭採訪：在菜市場門口，一個老太太拎著塑膠袋，剛買完雞蛋正要往外走，這時候女記者立即走上前問：「伯母，您好！我是電視臺記者，想請您談一談北京申奧成功，您覺得對北京的市政建設及國民經濟會有怎樣的影響？」

這問題太大了，老太太被問得一頭霧水，回問：「你說什麼？」這時，有個人跟著解釋道：「阿姨，請您談一談北京申奧成功……」看到這裡我一把火就往上冒，心想怎麼還是這個問題，這記者也太失格了。

我耐著性子往下看，就是想看看面對這麼大的問題，老太太會怎麼回答。她說：「你說的這個問題，我不太懂。我是賣煎餅果子的，現在有十幾個攤位。北京申奧成功，我特別高興，因為我要在二〇〇八年之前，讓我的煎餅攤在北京的東城、西城、海澱、豐台、石景山……」老太太數了很多地方，最後說：「在離鳥巢不遠的地方，我也有一個攤位。現在有很多中學生買我們的煎餅當早餐吃呢！我現在買雞蛋都特別在意……」

這個故事告訴大家一個簡單的觀念，也就是前面提到的「我口說我心」。講話其實就是我口說我心的過程。在同個位置待久了，講話的時候很容易不自覺地畫蛇添足，愈講愈誇大、言不及義，不然就是把別人的冷飯熱炒、陳腔濫調。

現在是知識爆炸的時代，我們不可能什麼都知道，也不可能學習所有領域的知識。但是，只要認真地、一心一意地把一項技能、知識學成自己的專長，就個人所知談深談透，也能贏得他人敬重。

巧借東風，善用肢體語言

除了「有聲語言」的表達，還存在一種依靠臉部表情、手勢和身體姿態動作來輔助表達思想、感情的無聲語言，我們稱之為「肢體語言」，包括眼神、表情、手勢、站姿等。大家在演講中聽到的叫作有聲語言，而看到的演講者的行為則是肢體語言。

研究顯示，有效傳播中，文字佔百分之七，聲音佔百分之三十八，肢體語言佔百分之五十五。大多數人透過文字得到的資訊，過不了多久就會遺忘很多。你是否覺得在廣播電臺聽說書、相聲、故事等，要比透過看書能記住更多情節？這是因為聲音及肢體語言在有效傳播中佔的比重很大。

善用肢體語言的演講者，就算你聽不清楚他在說什麼，但看到他的樣子，就知道他在分享何種精彩的故事。

關於肢體語言，要記住這個原則：做開放式動作。除非特定內容，否則不做封閉

式動作。什麼是開放式動作呢？人人都喜歡與熱情開朗的人打交道，不願意和吞吞吐吐、遮遮掩掩的人交往。所以我們的手要舉就舉起來，要揮就揮出去，敞開胸懷才能擁抱世界。

1 眼神在說話

眼睛是心靈之窗，請永遠記住，真情才是最好的文章。無論是站在講臺上還是與人交談，都要有真情實感。至於如何與台下聽眾進行眼神交流，我教大家八個方法：前視、環視、眺視、點視、虛視、閉目、仰視、俯視。

◎眼神交流八大法

	方法	執行動作
1	前視	向自己的正前方注視，一般用於對現場的掌控。
2	環視	關注自己的周圍一圈。
3	眺視	眼神投向後方較遠的觀眾，引起後方觀眾注意。
4	點視	往某一點一看，如同射擊一樣點射。

5	虛視	面對臺下這麼多聽眾，心裡難免緊張，這時其實你誰也沒看，但是大家全在你心裡，你的眼前是完全模糊的，腦海中想的是自己的內容，盡情地分享你的東西。
6	閉目	情到深處人孤獨，講到一定程度，這一幕讓它翻過去。不願再提、不再想起，每當想到就覺得不好受。不要說了，閉上眼睛——就是要找到這種感覺。
7	仰視	看藍天深湛，雲朵飄飄，我們抬頭望去，如癡如醉——找到這樣的感覺。
8	俯視	見鬼去吧！一切造反的都是紙老虎，恨不能馬上甩開趕走——找到這樣一種感覺。

2 表情在說話

眼神要真摯，表情要自然，喜怒不形於色。表情要與所講的內容一致，配合你的身體動作，與現場氣氛融合。

3 手勢在說話

手勢是所有肢體語言中影響最廣泛的。從肩到肘，再到腕、到掌、到指，根據演講的需要，幅度可大可小。沒有手勢，整場演講都會黯然失色。

手勢的運用技巧

1. 場面大手勢大，場面小手勢小
2. 肩發力表示力量，肘發力表示親切
3. 手勢應該停留夠長的時間
4. 在腦子裡儲存三五個常用手勢
5. 所有手勢均要自然協調

手勢分三個區位：肩部以上叫上區，肩腹之間為中區，腹部以下稱為下區。上區表示號召，配合積極的、宣導性的語言，中區表示敘述，下區則表示鄙視。

結合手勢區位做練習

1. 上區：一隻手的手心向上
看那美麗的桃花，開得多燦爛。美好、成功、幸福的生活，是人心所向。
2. 中區：兩隻手的手心向上
在這裡我要宣佈一個好消息，我的學生文靜馬上就要結婚了，讓我們點起篝火載歌載舞吧！
3. 下區：兩隻手的手心向上
他自己不爭氣，我們又有什麼辦法？
仁慈的人大聲疾呼：「和平！和平！」但是沒有和平。

4 站姿在說話

不論師長或父母都教導我們：站有站相，坐有坐相，站如松，坐如鐘，臥如弓，行如風。站姿要穩，雙腳與肩同寬，手自然下垂，身體前傾，也可以來回走動，但要記住腳下要有根，腳下無根，就會給人輕浮的感覺。

肢體語言和寫文章一樣，沒有一定的規則，只要掌握基本原則——只做開放式動作。為了將肢體語言理解和運用得更好，我編了一個口訣便於大家理解和記憶：

肢體語言運用口訣

直面聽從表陳述，側位以視顧全部，
昂首動情發正言，低頭思索復悲憐。
點頭 YES 搖頭 NO，眉眼姿態把心扣。
面部開合隨心跡，手勢動作應注意。
伸手前言表號召，拳頭上舉強有力。

腳步前移表希冀，後退暗含消極意。
文無定法文成立，肢體語中無奧秘。

注意語氣、語調和語音，練就舌燦蓮花

語言一旦缺少語氣、語調，就會變得平淡甚至索然無味，語調能讓語言生動鮮活。在日常談話中，語調往往能傳遞很多資訊，傳達說話人的感情，讓言語更能深入人心。有時候即使語言不通，我們也可以透過演講者語氣、語調的變化來體會他的情感和心情。

有一次，波蘭明星摩契斯卡夫人在美國演出，有觀眾希望她用母語波蘭語為大家表演。於是她站起來，開始用流暢的波蘭語念出臺詞。她語調時而熱

情，時而慷慨激昂，最後到悲愴萬分之時戛然而止，台下的觀眾鴉雀無聲，與她一樣沉浸在悲傷之中。此時，台下突然傳來一個男人的爆笑聲，他是摩契斯卡夫人的丈夫，原來夫人其實只是用波蘭語背誦九九乘法表而已。

從這個故事中，我們可以看到，演講者的語氣、語調竟然有如此不可思議的魅力。即使不明白它的意義，也能讓人感動，甚至可以完全控制對方的情緒。

當然，一場精彩的演講除了要把握好語氣、語調之外，如果再加上一副好的嗓音，那就再完美不過了。

很多人都有這樣的體會，就是話說多了以後，聲音開始乾澀、嘶啞，這是因為沒有足夠的氣息支撐。因此，平時要常練習深呼吸，懂得嗓子保健及聲帶按摩。

那麼，怎樣才能讓自己說出的話字正腔圓、富有感染力呢？我為大家總結了聲音訓練的七個步驟，平時有空可以用這個方法幫自己的嗓子做做按摩。

1 利用發聲原理練發聲，就能打動人

聲音是經由振動產生的，懂樂器的人應該知道，任何琴類樂器發聲都需要具備三個條件：一是發聲裝置，二是外力裝置，三是共鳴裝置。以二胡為例，二胡的發聲裝置是弦，外力裝置是弓子，共鳴裝置則是底部的琴筒。儘管不同材質的琴類樂器發出的音色不同，但這三個條件缺一不可。

人類的發聲系統也非常完備，我們的喉嚨口有兩條白色的韌帶，叫作聲帶，它就是我們的發聲裝置。氣息則是發聲系統的外力裝置，我們吸氣時，給身體補充氧氣，呼氣時會衝擊聲帶，讓它振動發聲。我們的共鳴裝置在哪裡？就在胸腔、口腔、鼻腔。當氣息衝擊聲帶振動發聲，作用於鼻腔時我們聽到的是高音，作用於口腔時我們聽到的是中音，作用於胸腔時我們聽到的則是低音。

2 歎氣實驗法，聲音變宏亮

接下來教大家一個練習氣息的方法——歎氣實驗。想要體會擲地有聲的感覺，就用「唉」來歎氣吧！請按以下的方法練習發聲。

歎氣實驗

先輕輕地歎口氣，
再痛快地歎口氣，
更痛快地歎口氣，
果斷歎口氣，
果斷而堅決地歎口氣。

透過這個實驗大家可以體會到，發聲之前要先吸氣。吸氣多寡與內容和空間有關係。演講時，不同的內容和空間決定我們要運用的氣息和聲音，因此我得出一個結論：「練聲先練氣。」

3 練氣的方法，一股作氣既深又長

我們經常有這樣的感覺：聲音發不出來又送不出去。其實這是典型的氣息不足所致。如果你覺得聲音不好，一定是氣息不夠造成的。

練氣最簡單的方法是深呼吸。我把它簡化成三個步驟：第一步，吸氣；第二步，憋氣；第三步，呼氣。

吸氣的時候想像三公尺之外一簇玫瑰花含香帶露、芬芳四溢。吸足了以後憋住，憋到沒辦法再憋的時候再緩緩呼出，呼氣的時候讓這口氣持續的時間要夠長，才能達到練氣的目的。

此外，練習氣息還有一個方法：跑步背詩詞。當你跑步跑到氣喘吁吁時，大聲地背出你平時熟記的詩詞。當然，在氣喘吁吁時背出來的詩詞是斷斷續續、結結巴巴的，這時你不必著急。當跑完後，再大聲地帶著感情將剛才的詩詞背誦一遍，就會發現此時背誦出來的詩詞不再斷斷續續、結結巴巴，而是字正腔圓、抑揚頓挫。

4 練聲的方法，聲音有態度

我把練聲的方法簡化成三個步驟：預聲帶、練嚼肌、挺軟顎。

預聲帶是為了保健聲帶。就是用最小的氣息衝擊聲帶，讓它發出像氣泡一樣的聲音，有點像我們平時打呼的聲音，這樣就是對聲帶進行按摩，讓它始終處於最佳的柔韌狀態。

練嚼肌是為了豐富我們的面部表情，防止面部呆板、僵硬。

練嚼肌口訣

開口嚼，閉口嚼，
開口嚼一陣子，閉口嚼一陣子，甩開腮幫子嚼上一陣子。

經常練習將使臉部肌肉更靈活。平時我們常會習慣擺出同一種表情，導致臉部肌肉僵硬，表情達意不夠靈活，容易給人死板、沒有親和力的感覺。

第三個步驟是挺軟顎。軟顎在口腔上顎的後半部分，挺軟顎是發聲學裡最重要的一個步驟。在發聲原理中，我曾提到上、中、下三個不同的音箱，軟顎若挺不起來，音箱就密閉了，上下兩個音箱就更沒有空間。怎麼挺軟顎呢？可以用諾言的「諾」來練習，發這個音的時候嘴唇要用力，這時軟顎就會挺起來，加上唇、齒、舌一起配合，發出的「諾」聲才會圓潤動聽。

5 練吐字法，能讓口齒清晰

廣播學院播音系的訓練，對吐字的要求是擲地有聲。在這裡，我也有一個口訣與大家分享：「咬字千斤重，聽者自動容。」吐字發聲可以慢一點、聲音大一點、咬字重一點。在說的時候速度慢而有力，吐字真而有型，聲音大而隆重。要發出清脆、飽滿、悅耳的聲音，必然要下一番苦功夫。

經常練習「梆」字的發音

在「梆」（bāng）這組極短音元裡，分成了字頭、字腹、字尾。經常練習這個字的發音，有助於發出清脆、飽滿、悅耳的聲音。

6 繞口令，能使字正腔圓

繞口令是練口才的好方法。在口語訓練中，練習繞口令既有趣又有效，對於糾正發音、鍛煉舌肌十分有益。挑選練習的繞口令時，要依循由簡到繁、由短到長的原則，說的時候則要求清、準、快、連。

摘錄幾則著名的繞口令，希望大家空閒時多加練習，將有助於口才訓練。

練習繞口令

（一）

對面有個白粉牆，
白粉牆上畫鳳凰。
先畫一隻黃鳳凰，
後畫一隻緋紅緋紅的紅鳳凰。
紅鳳凰看黃鳳凰，黃鳳凰看紅鳳凰。
紅鳳凰，黃鳳凰，兩隻都是活鳳凰。

（二）
九月九，
九個酒迷喝醉酒。
九個酒杯九杯酒，
九個酒迷喝九口。
喝罷九口酒，
又倒九杯酒。
九個酒迷端起酒，
「咕咚、咕咚」又九口。
九杯酒，酒九口。
喝罷九個酒迷醉了酒。

念得不夠好的時候，可以放慢節奏和語速，但一定要做到吐字清晰，之後再逐漸加快。此外，也可以把這種難讀的繞口令用於熟識的曲調中，變成歌曲唱出來，這樣就容易得多。當熟悉到一定的程度，也就能自然而然地讀出來了。

7 朗讀式訓練法，找出你的說話特色

美國第十六任總統林肯長期朗讀《李爾王》、《哈姆雷特》等劇本，他會根據故事走向，扮演劇中的人物，用不同的聲音來表達人物的特點，長此以往，造就了林肯非凡的口才。朗讀可以增加一個人的韻味，對於提升氣質有很好的作用。

控制語言節奏，增添演講韻味

語言節奏是指利用不斷發音與停頓，而形成強弱有序和週期性的變化。演講中的節奏是演講者為了因應內容和感情的需要，在敘述過程中製造出抑揚頓挫、輕重緩急的對比關係。根據這個特質，演講節奏可分為八種類型：輕快、持重、舒緩、緊促、低抑、高揚、單純、複雜。

◎演講節奏的八種類型

	演講節奏的類型	適用場合
1	輕快型	適用於致歡迎詞、宴會祝詞、友好訪問詞等場合。
2	持重型	適用於評論報告、紀念會發言、嚴肅會議開幕詞、工作報告等。

3	舒緩型	適用於科學性演講和課堂授課。
4	緊促型	適用於緊急動員報告或聲討發言。
5	低抑型	適用於追悼會等具有哀傷氣氛的場合。
6	高揚型	適用於誓師會、動員會、檢討會等。
7	單純型	適用於簡短的演講。
8	複雜型	適用於內容複雜、較費時的演講。

優秀的講者是演講活動的火車頭，推動著演講的進程。在實際的演講現場，有可能要將八種節奏類型結合起來使用。專業的演講者要根據自我的性格特質，為自己設定一種特性並堅持下去，進而逐漸被人們標籤化。標籤化是行銷中非常重要的環節，正如我所強調的，做專才不做通才。

做好演講結尾，讓餘音繞樑

所有的事情都要有頭有尾。寫文章、做事情都是一個系統工程，演講也是如此。

如何結尾？俗話說寫文章要遵循「鳳頭、豬肚、豹尾」的原則。也就是說開篇要像鳳頭一樣小而美，引人入勝、好聽好看。內容要像豬肚一樣充實有料，浩蕩、準備充足。結尾要像豹的尾巴一樣張弛有力、乾脆俐落，達到「言已盡，而意未窮」的境界。關於如何結尾，我總結了八個字：可長可短，力避拖沓。

有一次我在現場演講時，以一篇文章作結尾。在《世界上最偉大的推銷員》這本書裡，有一篇羊皮卷叫〈堅持不懈，直到成功〉，將它朗誦一遍大概需要五分鐘。在音效師播放背景音樂的時候，我朗誦得非常有感覺，但是因為需要五分鐘才能朗誦完，還是覺得稍顯拖沓。

於是，經過無數次演講的實際操作，我把所有內容整理之後，送給大家一段話：「積極的人像太陽，照到哪裡哪裡亮；消極的人像月亮，初一十五不一樣。最後我送大家一副對聯：『心態好事業成不成也成，心態壞事業敗不敗也敗。』好，今天的演講就到這裡，謝謝各位！」

這樣的結尾雋永而深刻，立即就有了感覺和力度。記住：結尾千萬避免拖拖拉拉。生活中，當一件事情結束的時候要懂得畫上句點。即使整場演講或發言過程不夠精彩，也要乾淨俐落地結尾。比如總結一下：「好了各位，剛才我講了很多，也沒能講得透徹。時間到了，我就講到這裡，謝謝大家！」這也是一種上揚的感覺。

TED 經典語錄

如果你不相信自己在做的事情，那麼無論是你的個人品牌還是代言的產品，你都應該立即退出。

——蓋瑞．范納洽（Gary Vaynerchuk），美國創業家、暢銷作家、演說家

為何歐巴馬、賈伯斯，能輕鬆脫稿演說？

美國前總統歐巴馬超凡的演講魅力打動很多人。他除了掌握了一流的演講技巧之外，還有一個最大的優勢，在於他天生一副男中音的嗓音，透露出的沉穩總是讓人們難以抗拒而倍感信服。

不是每個人都有歐巴馬的優勢，但是掌握一定的演講技巧，可以使我們在演說領域事半功倍。古希臘演說家狄摩西尼（Demosthenes）天生口吃、嗓音微弱，還有聳肩的壞習慣，一般人理所當然認為他不可能成為一位出色的演說家。但狄摩西尼並未放棄自己，他找到當時著名的演員，向他們學習發音方法——將一塊小鵝卵石含在嘴裡練習發音。原本說話不清楚的他經過刻苦練習，硬是練到即使含著鵝卵石也能吐字清晰。後來，只要他一登臺演講，聽眾的掌聲總是如雷鳴般經久不息。

找共同點，拉近與聽眾的距離

不論是什麼樣的主題演講，切記要從小處著眼，以小見大，逐漸推展開來，才能收到更好的效果。不要一上臺就唱高調，這樣會讓觀眾認為你只會空口說白話，而對你的演講提不起興趣。不妨多使用一些拉近彼此距離的語言，把對方拉進你的陣營裡。

二戰結束後不久，美國前參議員羅慈（Henry Cabot Lodge）和哈佛大學校長羅威爾（A. Lawrence Lowell）一同到波士頓，針對國際聯盟的問題進行辯論。羅慈感覺到大部分聽眾都反對他的意見，但他是一位極聰明的心理學家，非常懂得如何抓住人們的心理，拉近彼此的距離。

羅慈對聽眾說：「我感到十分榮幸，羅威爾校長給了我這個機會，讓我在諸位面前說幾句話。我們是多年的老朋友，而且都是信奉共和黨的人，他是擁有極高榮譽的大學校長，也是美國最重要、極有權威和地位的人，同時還是一位極其優秀的政治研究學者和史學專家。

「當前這個重大問題，我們在方法上也許有所不同，然而我們的目的是一致的，那就是世界和平、安全，以及美國的幸福。如果你們允許，我願意站在我本人的立場簡單說幾句。我曾用簡明的英語，一次又一次說了好多遍，但是有的人沒有理解我的意思，以致產生誤解，他們竟然說我反對任何一種國際聯盟組織。

「其實，只要這個組織能夠真正聯合各國，各盡所能，爭取世界永久和平，促成全球裁軍的實現，我一點也不反對。我渴望世界上所有自由的國家都聯合起來，組成我們所謂的聯盟，亦即法國人所說的協會。」

聽了羅慈的演講，即使強烈反對他的人，也無法提出反駁的意見。為了縮小彼此意見相悖的範圍，他敏捷而鄭重地提出了與聽眾共同的理想，並在讚美對方的同時，堅持說出自己的觀點：「當前這個重大問題，我們在方法上也許有所不同，然而我們的目的是一致的，那就是世界和平、安全，以及美國的幸福。」分析到最後，他和對方的不同點，只在於他認為應該建立一個更完善的國際組織。

不講道理，講故事

從小到大，能讓我們記憶深刻的，不論是做人的道理或是處世的經驗，許多都來自故事。講故事的最大好處就是：它避免了長篇大論帶來的枯燥乏味，方便人們記憶和模仿，進而快速地付諸行動。

舉例來說，馬雲不僅是一位知名的企業家，也是一個善於講故事的人，因此他的演講備受人們推崇。此外，賈伯斯也很會用故事來吸引群眾，讓果粉們為了一款新上市的產品，在專賣店前徹夜排隊等候。歷史上那些名人、偉人，哪個不是善於講故事的高手呢？想要成為一位出色的演說家，先試著把自己的故事講好！

做好自己，因為你是世界上的唯一

打從出生的那一刻起，就註定你只能是你，因為其他角色早已被別人扮演了。只有把自己的角色摸透，才能演好屬於你的這部戲。很多人往往活在別人的世界裡，從來沒有給自己留一個位置，別人怎麼說，他就怎麼做，或者別人說什麼，他就說什麼，久而久之人們也就對他失去了興趣。一個無法形成自己獨特語言風格的人，無論說什麼，也無法打動現場的聽眾。

相傳在一片漫無邊際的荒漠中，有一座曠世寶藏，如果想得到這些寶藏，就必須橫度整個沙漠，並且克服途中遭遇的許多機關和陷阱。雖然很多人想得到寶藏，但都因為懼怕機關和陷阱而不敢前往。

有一天，一個勇士帶足了乾糧和水，獨自一人上路。為了順利找到回來的路，他一邊探索前行，一邊在途中留下標記。終於，在浩瀚的沙漠中開闢了一條路。眼看寶藏已經露出痕跡，他卻不小心失足落入了爬滿毒蛇的陷阱，命喪黃泉。

多年後，又一位勇士踏上了尋寶之路，他看到前人留下的標記，於是深信不疑地走下去，當然結局與前人無二。

不知道又過了多少年，又一位勇士踏上了尋寶之路，但與第二位勇士不同，他並沒有沿著前人的路往前走，而是小心翼翼地重新開闢了另一條路。在他堅持不懈地努力下，終於找到了人們夢寐以求的寶藏。

這位勇士在臨終之際對自己的子孫說：「前人走過的路不一定就是對的。

不要盲目迷信前人的經驗，即使經驗是對的，也不一定剛好適合你。只有最適合自己的，才是最正確的。」

紐約鐵路快遞代理公司副總經理金賽．N．莫里特說：「二十多年來，與我接觸並且談過話的人何止數千！但是，每一次我都以自己本來的面目與他們對話，我絕對不模仿任何人，因此我獲得了成功。而且這樣的對話方式也具有說服力。」

是的，只有最適合自己的才是最正確的。探索一條適合自己演講風格的路，做好自己，在舞臺上演出屬於自己的精彩，就能收穫人們不斷的喝彩。

不懼題材相同，盡可能出奇制勝

在實際演講過程中，由於受時間、地點、氣氛及相同主題的制約，我們需要與他人在同一時間、同一場合進行演講（如演講比賽、即興發言等），難免發生「千人一腔」的撞車現象。在此情形下，要想脫穎而出，演講方式應當採取一些變化，出奇才能制勝，有了亮點才能與眾不同。

1 在合適的場合說合適的話

出色的演講者能夠根據現場情況隨機應變。在演講過程中，並非說得愈多就愈好，也不是以在規定時間內完成演講文稿的所有內容取勝。

曾經有一位傳教士想要把《聖經》翻譯成他傳教地方的語言。其中有這麼一句：「你們的罪雖像硃紅，必變白如雪。」

看似非常易懂的一句話卻難倒了傳教士，因為當地根本從未下過雪，而且這個地方非常閉塞，人們終生不曾外出過，根本沒有人見過雪，更不知雪為何物。

聰明的傳教士注意到當地有很多椰子樹，人們非常喜愛白如雪色的椰子肉。於是，這句話在當地就變成：「你們的罪雖像硃紅，必變白如椰肉。」

假如這位傳教士把這句話按照《聖經》原文直譯過來，我想當地人可能根本就無法理解傳教士說了什麼，他也就無法完成傳教的任務。可見隨機應變是多麼重要。

2 善用讚美，激發聽眾的動力

給聽眾戴高帽子，讓他們擁有被讚賞的快感。威廉・詹姆斯說：「人性的根源有一股被人肯定、讚賞的強烈願望，這是人和動物最大的不同。」二十世紀初，鋼鐵大王安德魯・卡內基任用查理・舒瓦伯，作為在美國新成立鋼鐵公司的第一總裁，並非因為他有專業精深的鋼鐵知識，而是因為舒瓦伯懂得如何讚美和鼓勵他人。

誠如舒瓦伯所言：「我想我天生具有引發人們熱忱的能力。促使人將自身的能力發揮至極限的最好辦法，就是讚賞和鼓勵。我相信讚賞和鼓勵是激發人更努力工作的原動力。因此我喜歡讚美，討厭吹毛求疵。如果問我喜歡什麼，那就是真誠、慷慨地讚美他人。」

正是舒瓦伯能真誠、慷慨地讚美他人的品德，贏得了鋼鐵大王卡內基的肯定，並授予高職。演講亦是如此，由衷地讚美現場聽眾，並賦予他們能夠提高身份和地位的頭銜，讓他們自始至終去尊重、喜愛臺上這位榮譽賦予者。

在李燕之前已有七名同學進行演講，他們的稱呼大多是「老師們、同學們」。李燕想：「如果我還用這個稱呼，很難引起聽眾注意」，於是她大膽地採用了別人沒有用過的稱呼語：「未來的工程師、會計師、廠長、經理們，大家好！」這一稱呼不僅提高了聽眾的頭銜，並且符合校情、富有新意，加上李燕充滿深情的聲音，頓時像巨大的磁石吸引了聽眾。場內鴉雀無聲，一千雙眼睛都集中到她的身上，從而為她的演講創造了良好的環境，定下了演講成功的基調。

3 利用同理心，激發現場聽眾的共鳴

現場演講活動中，尤其是即興演講，每個人都渴望自己的演講與眾不同，出奇制勝。因此，演講者常常會使出各種奇特招數，希望以此獲得聽眾的好感，贏得掌聲。但如果大家的招數都很奇特，要想從中脫穎而出，就得比別人更加奇特。此時，不妨利用人們的同理心，激發大家在情感上的共鳴，不失為一個有效的手段。

小王在一次同學聚會中，想到分開幾十年後許多同學的變化，感慨萬千地說：「無論是痛苦時還是歡樂時，人們總會想起親人。此時此刻，大家一定和我一樣，想念每一位同學。我提議，讓我們暫時收斂歡樂的心情，為幾位離我們而去的同學默哀，以寄託我們的緬懷之情。」

聽到小王的話，同學們立刻都安靜下來，低頭致意。小王接著說：「再讓我們舉杯向未能到場的同學們，表示真摯的問候和美好的祝福！」

他的話音一落，大家都舉起了酒杯。

小王並沒有用特別奇特的開頭吸引在座同學的注意，而是滿含深情地講出自己的感受，讓抱有同樣心情的同學們有所共鳴。

機動掌握時間，別把脫稿變拖搞

演講時常受現場因素制約，因此一般主辦單位都會提前與演講者約定時限，以便演講者準備符合規定時限的內容。但是，演講現場往往會受不可控制因素的影響，致使會議、活動等超過原定時間。

一般而言，若人們在活動中待的時間過長，很容易產生疲勞，滋生大量的負面情緒。當然，還有可能由於某些個別因素，或既定的專案內容無法進行，造成會議、活動的時間變短，使人不能盡興。

面對這兩種情況，演講者須注意，如果超過規定的時限，應適當縮減文稿內容。反之，如果演講文稿內容準備得太少，不足以支撐到規定時間，就有必要在現場增加一些材料，充實內容。當然，無論是增添或刪減，都要保證內容的完整性及與主題的一致性。

某次布魯克林大學俱樂部的集會上，發言的人很多，因此時間已經拖得很長。輪到其中一位醫生演講時，已是子夜一點了。主辦者打算讓他上臺說幾句後，就宣佈集會結束。但這位醫生一上臺，就展開了一場長達四十五分鐘的長篇演講。結果可想而知，他還沒講到一半，聽眾就想把他從窗口扔出去。

可見，一個出色的演講者應該懂得如何站在聽眾的角度思考，然後再開始自己的演講。

李嘉誠說：「謙虛的心是知識之源」，因此上台時……

李嘉誠在汕頭大學分享他的成功秘訣時，曾說過這樣一段話：「我深信『謙虛的心是知識之源』，是通往成長、啟悟、責任和快樂之路。」因此，無論什麼時候我們都應該保持清醒的頭腦，正確地認識自己，並時常自省、檢討自我，要有成功的決心而不驕傲，自信而不自大。一個精彩的演講舞臺絕不是留給自大狂，而是留給那些懂得謙卑、不斷追求進步的人們。

演講者從站在演講台前的那一刻起，就如同被展示在透明的櫥窗裡，演講者的個性也將一覽無遺地展現出來，每一個傲慢無禮的表現都將被台下的聽眾盡收眼底。

TED 經典語錄

當你看著月亮時，你會想：「我真的很渺小啊！我的問題又算什麼呢？」因此而能夠將事情看得更透徹。所以我們都應該更頻繁地抬頭看看月亮。

——艾倫．狄波頓（Alain de Botton），英國知名作家

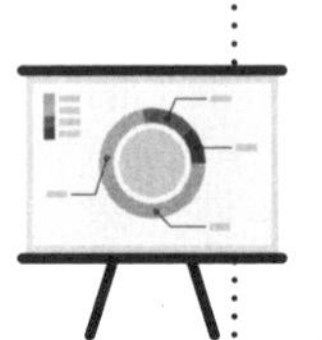

即興發言時，請善用技巧並隨機應變

即興演講一般都是在當事人毫無準備的情況下發生的。事實上，對於不以演講作為謀生手段的普通人而言，在日常生活、工作中的演說、發言，大多是毫無準備下的即興發言。因此，瞭解及不斷學習即興演講的技巧，對每一個人來說都是非常必要的。即興演說對口才要求非常高，它不像脫稿演講那樣能事先充分準備，因此十分考驗演講者隨機應變的能力。

臨時上台避免口誤的 5 大禁忌

即興演講並不是信口開河，也不是漫無目的地講些與現場氛圍及主題毫無關聯的話題。演講者必須把要傳達的意思條理清晰地表達出來，所舉的案例也要切合中心思想。

由於即興演講通常是在毫無準備的情形下進行，瞭解話術禁忌，提前知道哪些話該說、哪些話不該說，是非常重要的，否則很容易給自己帶來不必要的麻煩，或處於非常尷尬的境地。

1 別看天看地，就是不看觀眾

有些人的口才不錯，應變能力也很好，但總是讓人感覺他好像在跟自己說話，讓周圍或者台下的聽眾無法與他產生共鳴。因為他就像是閉著眼睛在講話，看天看地，就是不看周圍的人或台下的聽眾，跟他們完全沒有眼神交流。

電影《落跑新娘》中，由於新娘的眼睛受到現場閃光燈的刺激，讓她與新郎的眼神交流暫時中斷，這位害怕婚禮的新娘，在現場一位記者堅定的眼神鼓勵下落荒而逃，並且最終嫁給了那位記者。

美國十九世紀著名哲學家拉爾夫・沃爾多・愛默生（Ralph Waldo Emerson）曾說：「人的眼睛和舌頭說的話一樣多，不需要字典，卻能夠從眼睛的語言中瞭解整個世界。」一場精彩的演講需要豐富的眼神裝飾，一個優秀的演講者也必須是運用眼神的高手。演講者不僅可以透過眼神的交流告訴聽眾自己的感受，還可以從觀眾的眼中讀出他們對演講內容是否感興趣。

發表即興演講時，眼神應該配合內容、情境調整，也要與動作、行為和臉部表情同步。能夠做到手到、眼到、心到，臉部表情自然，並流露自信、自然、積極、坦誠的眼神，以達到最佳的演講效果。

2 別自我膨脹，夸夸其談

孔子曰：「奮於言者華，奮於行者伐，夫色智而有能者，小人也。」就是說夸夸其談的人華而不實，喜歡表現的人愛向人誇耀，稍有能力和小聰明就表現在臉上，是小人的作風。有些人一有點小成績，就開始自我膨脹，不顧及現場聽眾及周圍人的感受，大談特談自己的那點小成就。此非智者所為，也是即興演講的禁忌。

3 別鸚鵡學舌，人云亦云

所謂人云亦云，就是人家怎麼說，自己也跟著怎麼說，沒有主見，只會隨聲附和。在發表即興演講時，動不動就一句「我同意××的意見或者觀點」，或者在之後的演說也以他人言論為基礎延伸內容，沒有任何自我的觀點和思想。如此一來，只能突顯××的觀點，甚至給聽眾留下只會附和的不良印象。

4 別立定不動，單調貧乏

一潭死水般的演講是不會得到聽眾認可的，只有生動的演講才能貼近聽眾，也最容易受到喜愛。在演講中應適當地走動，並學會借用肢體語言讓演講富有感染力。在身體的各個部位中，手是最靈活的，肢體語言運用得成功與否，往往取決於手部動作運用得好壞。

5 別離題萬里，胡編亂侃

參加任何會議或活動，都要提前瞭解和掌握主題。對會議或者活動中討論的實際題目、問題，以及爭論焦點，都應當有高度的警覺性和充分思考。這樣一來，一旦被要求發表即興演講，才能切中主題，不至於因毫無準備而心慌意亂，更不會離題萬里、胡編亂侃。此外，還要注意在什麼時間、什麼場合、對誰講話。

臨時被叫上台時，務必保持冷靜且懂得就地取材

某天你參加一個非常重要的會議或活動，突然聽到主持人提到你的名字，並要求你上臺說兩句，這時你首先要做的事是深呼吸，保持平靜，並就地尋找可用的演講素材。

此外，你還可以先向主持人和現場的聽眾致意，說上兩句客套話，給自己一個喘息的機會。然後再根據現場情況做出判斷，從中擷取聽眾最感興趣的幾個事件作為演講素材，或者巧借會議司儀的某個話題，帶入演講的主旨，並提出自己的觀點。但無論採用哪種方式，千萬不要緊張，一定要讓自己先平靜下來。

抗日戰爭期間，陳毅率領部隊在浙江開化縣華埠鎮休息整頓，某個抗日組織請他發言。陳毅開場便說：「我姓陳，耳東陳的陳；名毅，毅力的毅。稱我將軍，我不敢當，現在我還不是將軍。但稱我將軍也可以，我是受全國老百姓的委託去將日本鬼子的軍。這一將，一直到把他們將死為止。」話音剛落，現場就爆發出雷鳴般的掌聲。

陳毅就地取材，借主持人的一句話開頭，為自己後面的精彩演講鋪墊。那麼，作為一名演講者，如何就地取材？可以通過以下三種管道：

1 從現場的聽眾身上取材

其實政治場合上最常用到即興演講，因此要能根據現場觀眾的特點，並結合自己的成長經歷展開話題，再透過提問的方式和內容，表達對民眾的摯愛之情，同時給予真誠的讚美。只要說話得體、合乎身份，自然會引起心靈的呼應，再一次拉近與聽者的距離，贏得掌聲。

2 從會議及活動聚會的目的取材

釐清參加的會議或聚會性質，對與會人員將產生什麼影響，以及會議名稱、人名、地名等之間是否發生有趣的巧合。

在外國旅遊團舉行的答謝宴會上，團長在祝酒詞中談訪華感受：「我們的觀感可以用三個英文單字來表達，而這三個字都是以英文字母『E』開頭的，它們是Exciting（激動人心的）、Educational（受教育的）、Exhausted（精疲力竭的）。當然，造成疲勞的原因，是主人盛情地希望我們多看一些美景。」

隨行翻譯王連義才譯完祝酒詞，剛想舒口氣，沒想到熱情的團長再次站起來說：「王先生是位有經驗的翻譯，陪過許多團，我衷心地希望在座的女士們、先生們，歡迎王先生致詞，請他談談對我們這個團的印象，作為對我講話的答詞。」團長說完，臺下掌聲和笑聲響成一片。

王連義毫無準備。但若不講，就會冷卻了宴會的氣氛。他站了起來，走到麥克風前說：「謝謝大家給我講話的機會，若問我對貴團的印象，我也想用三個英文單字來表示，而每個字都是以英文字母『F』開頭的，貴團與我們是Friendly（友好的），大家談話的方式是Frankly（真誠的），我陪同貴團，向各位學習了很多知識，所以對我來說，這次陪同是Fruitful（豐收的），謝

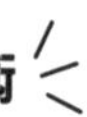

謝大家！」

頓時，會場再一次爆出熱烈的掌聲。

團長以三個相同字母開頭的英文單字為基礎，發表了一場與會議主題及氛圍謀合的精彩演講，博得滿堂彩。王連義巧借團長有趣的發言模式發揮聯想，同樣取得良好的演講效果，增添了演講者的魅力。

3 從聽眾的心理取材

如果你全神貫注地注意整個會場的動態，對於現場曾經發生的事件、討論的熱點，以及之前發表演講者的觀點，都能夠有所瞭解，並從情感切入，就能引發聽眾與自己在心理上的共鳴。

一九四四年，英國首相邱吉爾在美國過聖誕節，並發表了聖誕演說：「我的朋友、偉大而卓越的羅斯福總統，剛才已經發表過聖誕前夕的演說，向全美國的家庭致上友愛的獻詞。現在，能追隨驥尾講幾句話，我感到無比榮幸。

「今天在這裡過節，雖然遠離家庭和祖國，但我一點也沒有身在異鄉的感覺。我不知道這是由於我的母親血統和你們相同，還是因為我多年來在此獲得的友誼，抑或是因為這兩個文字相同、信仰相同、理想相同的國家，在共同奮鬥中所產生的同志感情，又或者是上述三種關係的綜合。總之，我在美國的政治中心——華盛頓過節，完全感覺不到自己作為一個異鄉客的不適……」

邱吉爾利用前面羅斯福總統的演講，幫自己的心理做了緩衝，並動用感情溝通法，把美國總統羅斯福說成是自己的朋友，在心理上縮短了演講者與聽眾之間的距離，也取得了良好效果。

如何組合演說材料？

我在前面文章中曾詳細說明演講稿的開頭與結尾，在即席演講中完全可以套用。因此這兩個部分不再贅述，這裡只重點介紹，如何根據現場情況擷取有效的材料加以巧妙構思，快速而精彩地將這些素材在大腦中編輯成文，出口成章。

快速組合即興發言的素材，其實就是解決現場演講「怎麼說」的難題。劉勰在《文心雕龍》中主張文章結構要「總文理，統首尾」。因此，在組織演講文稿的思想脈絡時，一定要緊扣中心論點，使內容前後統一，才能順理成章、貫穿到底。

這時我們可以採用以下幾種組合方式。當然，在實際的運用過程中也可以互相結合、套用。具體方法如下：

1 並列式

首先將總題分解成幾個分題，並圍繞演講稿的中心論點，從不同角度、不同面向表現，將結構呈放射狀向四面展開，每一面都直接指向、證明中心論點。這種方式的優勢在於，各個分題之間看似獨立，又能夠相互連貫、相互支撐，並且共同指向中心主題，使得演講內容條理井然，演講效果極具力量和氣勢。

2 正反式

圍繞題目，從正面闡述論點、反面烘托論證，使得演講主題更為突出鮮明，更能引人深思。

3 漸進式

圍繞著要闡明或論述的問題，先說明「為什麼」，接著談「怎麼辦」，層層遞進，彰顯邏輯的嚴密，發人深省。既要有波瀾起伏的段落和引人入勝的高潮，又要控制好說話的節奏，使過程能夠張弛相間、節奏鮮明、跌宕起伏。這種組合方式可以使演講者在感情上一步一步抓住聽眾，在理論上一步一步說服聽眾，在內容上一步一步吸引聽眾，使聽眾的內心激情逐漸燃燒，將演講自然推向高潮。

如何察言觀色，做好演講控場？

察言觀色對於人際交往非常重要，當事人需要具有非常高的ＥＱ（情緒智商），能夠瞬間捕捉他人心理的微妙變化，適時迎合他人的興趣好奇。這項技能對於即興演講同樣重要，它反映了一個人的應變能力與控場能力。只有掌握了這個技巧，才能及時掌握現場聽眾的心理變化、興趣好奇，並及時修正、補充演講的內容。面對聽眾的質疑或者較尖銳的問題時，也可從容應對，做到不強硬壓制、不動怒批評。

有一次赫魯雪夫在聯合國大會上演講，但由於他的政治觀點與場內一些聽眾不同，當場引起喧鬧。赫魯雪夫被現場的聽眾激怒，情不自禁地脫下自己一隻皮鞋，並用鞋跟用力敲打講臺，想以此制止騷亂。然而，他情緒失控導致的過激行為，不僅沒收到預期的效果，反而暴露了他無法成功控制情緒的性格弱點。

面對看起來十分棘手的問題時，不要被現場的氛圍牽制，一定要審時度勢，盡最大可能控制自己的負面情緒，並學會以誠相待，才能盡快想出辦法，化被動為主動。在日常的訓練中，可以透過以下幾種方式提高自己的控場能力。

1 把握現場氣氛

不同的場合有不同的氣氛。發表即興演講時，演講者的感情基調一定要與現場氣氛契合，才能使聽眾產生好感。

2 洞察、瞭解、掌握聽眾情況

由於每一場即興演講的聽眾不同，因此在演講之前，必須提前瞭解你與聽眾的關係，你的演講應站在哪個角度，以怎樣的身份、代表誰來講話等等。只有這樣才能使演講得體、恰到好處。

3 學會目光控制

人們常說眼睛是心靈之窗，一點也沒錯。我們上學時都有這樣的體驗：老師的目光凌厲一掃，那些淘氣的學生馬上安靜下來。演講者與聽眾之間的目光交流也相當重要，可說是目光在哪裡，影響力就在哪裡。無論多麼精彩的演講，都難免會有人私下交頭接耳，如果有人不斷地在小聲交談，勢必影響其他人聆聽演說的整體效果。這

時，演講者不妨將目光移至他們身上，並面帶誠意，微笑地看著他們。當他們意識到演講者的注視後，自然就會停止交談。

4 展現聲音的魅力

我在前文中強調過語氣、語調對於演講的重要性。同樣地，現場如果有些聽眾或學員思緒飛走了，或者打瞌睡、小聲嘀咕，演講者也可以透過調整語音、語調、語速、節奏等來達到控制現場的目的。比如，演講者聲音突然提高八度，很可能會讓分心、打瞌睡的人突然驚醒，開始認真聽講。或者在精彩激昂處突然停頓，也會有不錯的收穫。

5 利用肢體語言來加強重點

在演講過程中，肢體語言的重要性不言而喻。關於如何善用肢體語言，我在前文已經做過詳細的論述，在此不再贅述。

肢體語言對於控制演講現場至關重要。當現場氛圍無法達到理想狀態時，一定要採用大動作的肢體動作，這樣可以快速地讓聽眾或學員集中注意力，跟上你的演講節奏。

6 與聽眾對話，進行互動

適時地與現場聽眾進行對話互動，可以達到良好的控場效果。比如：透過舉手認同的方式讓聽眾參與，也可以提出問題引發聽眾思考，或者在觀點闡述完畢時，不說肯定性的語言，而是改用疑問句「對不對？是不是？好不好？」等。

此外，還可以採取重複重要內容的方式，這樣不僅達到了與聽眾互動的目的，還能加深他們對演講內容的理解。比如：「大家跟著我讀一遍這段話。」「這些內容有必要記下來，我們一起把它們說出來。」

TED 經典語錄

在假裝勇敢的過程中，我試著學習勇敢。

——許芳宜（Fang-Yi Shieu），國際知名舞者

即興演講的黃金模式

即興演講通常是人們在毫無準備的情況下被迫上場，如果不掌握一套隨時、隨地、隨意演講的技巧，很有可能置演講者於腦門充血、顛三倒四、無言以對的尷尬境地，有損演講者在人們心目中的良好形象。我根據多年的演講經驗，歸納了一套即興演講的黃金模式。

如何做好自我介紹，留下美好的瞬間？

從會說話起，我們便不停地被問起：「你是誰？」進入幼稚園後，老師教的第一件事就是如何介紹自己，也就是告訴其他人「我是誰」。由此看來，自我介紹是非常重要的。介紹得好，能給人們留下深刻的印象；介紹得不好，很快就會淡出人們的視線，被人遺忘。在這裡，我推薦兩種自我介紹方法：

1 五要素法

所謂的五要素法，指的是姓什麼、叫什麼、哪幾個字、有什麼意義及一句祝福的話。例如：我叫李真順（一聽就明白，但接下來要具體說明名字是哪幾個字，因為漢字的同音字很多，很有可能把字弄錯），木子「李」，真理的「真」，順順利利的「順」。整合這三個字，在借助諧音的基礎上，我們應該能推斷出這樣的意思：理所當然、真真正正、順順利利。好了，李真順在此祝福各位身體健康、馬到成功。

小學時期，國語老師跟學生們一再強調的就是「話要說完整」，也就是一段完整的介紹。有人說，我的名字取得不好，用這種方式可行嗎？當然可行！你的名字及意義完全由你自己決定。

在我的培訓課上，有位名叫王土旦的學員，我覺得他的名字非常有意思，因此特地讓他為大家做自我介紹的示範。剛開始他對我說：「李老師，不要讓我做示範吧，我的名字不太好介紹呀！」

我鼓勵他說：「我就是覺得你的名字非常好，所以才請你示範，你的名字非常有特色。不要擔心，就用我剛才介紹的五要素法試試，你一定能想出非常棒的自我介紹方法。」

他想了一下說：「我叫王土旦，王，是君王的『王』；土，土地的『土』；旦，是元旦的『旦』。請問朋友們，『土』和『旦』組合起來是什麼？

「是的，是『坦』。所以，在這裡，我祝福親愛的朋友們，透過這次研習，能在往後的日子裡和未來的旅途中，走得順利、平坦一點。請記住，我是王土旦，謝謝大家！」

沒有不好的名字，只有我們自己不能充份理解的名字。在此，我也提醒那些認為自己名字不好，想改名的讀者們，從今天開始，請接納你的名字，這也是跟自己友好相處的基礎之一。名字的好壞取決於你的心，你賦予它什麼，它就是什麼。當你賦予它「積極向上」，也就是我們認為「好」的意義，它就能把你帶入人生的坦途；如果你賦予它一個消極、「不好」的意義，它很可能置你於人生的低谷。

2 工作關係關聯法

所謂的工作關係關聯法，就是在自我介紹的時候，找到名字與從事職業的關聯。具體內容包括：姓名、單位、特長，以及與大家的關係。比如：我是李真順，來自中國演講聯盟，我的特長是演講與口才方面的培訓。此外，我還會理髮，只要給我一把剪刀，我就可以根據年齡、職業、身份、臉型、身材等，把您打理得氣度不凡、豔驚四座。這兩種自我介紹的方法有一個共同的目的，就是讓別人瞬間記住你，進而與更多人建立友誼。

善用昨天、今天、明天，讓發言更有層次感

想把話說好，不僅要有生活經驗、事前準備，還需要有一定的應變能力和演講技巧。

讓我們看看這段開場白：首先送大家一段話：「不要為了昨天的失利而歎息，不要為了明天的無助而憂慮，抓住每一個今天去努力，活在當下，人生就會誕生奇

蹟！」這個開場運用了典型的即興演講技巧——昨天、今天和明天，也可以想成是過去、現在、未來，這是一個三段式的演講模式。同樣地，這一模式也可以運用到整個演講當中。例如，作為一名剛畢業的大學生，在公司的就職儀式上你可以這樣說：

各位主管，各位同事，大家好！

我是剛從大學畢業的社會新鮮人。畢業後進入這樣的公司工作，是每個大學生的夢想。今天，我終於夢想成真了。我希望能在主管的悉心教導、各位同事的熱情幫助下，更重要的是透過自己的努力不懈，跟上大家的步伐，做出應有的貢獻！

現在我不想說太多，因為我想用實際行動說明一切。在這裡，先向各位鞠躬致謝，請相信我，我一定會努力做出貢獻，謝謝大家！

這樣的發言方式簡潔明瞭、條理性強，一定會帶給現場聽眾不一樣的感受。

此外，如果在一些場合突然被人問到自己不熟悉的問題，也不必驚慌失措，可以運用「昨天、今天、明天」這樣的邏輯關係從容表達：

謝謝您這麼信任我，剛才的問題我從來沒有聽說過，您今天提出來等於替我敲響了警鐘。按理說，在我這個位置上，應該瞭解這方面的知識。我一直以為自己很喜歡學習，也經常上網搜尋各種相關資訊。現在看來不是努力不夠，而是學習的方法出現問題。不過，今後我將會關注這些問題，加強這方面的修養。

我希望在不久的將來，能就這個問題給您一個滿意的答覆。

這樣的回答同樣能為自己贏得尊重，也成功展現了個人風度。

無論是對學生還是職場老手，不管從事的是何種職業，這種發言模式都具有很強

的借鏡意義。我們在平時要反覆咀嚼記憶、多加練習，才能做到在任何場合隨機應變。

祝賀、感謝、希望，讓演講感人肺腑

「祝賀、感謝、希望」也是即興演講中非常重要的黃金模式，適用於任何演講場合。無論是職場聚會、家庭聚會，還是國際政治舞臺上，都可以用這樣的方式說話。例如，老闆在年終表揚大會上講話，就可以按照這樣的邏輯：

> 祝賀在座的各位，獲得了如此突出的成績。感謝各位的努力和付出，希望大家注意身體。現在「亞健康」的人很多，不要忽視自己的健康。
>
> 希望各位從今以後平衡工作與休閒，在身體健康的前提下，工作表現更出色。這是我所希望的，也是我們企業所期待的。謝謝大家！

話雖然不多，但是讓在場的人聽了很有感覺，能感受到來自演講者的真誠。

又或者是在寶貝兒子的結婚典禮上，主持人希望雙方父母上臺說幾句，此時也可以套用祝賀、感謝、希望這個演講模式。

兒子，今天是你大喜的日子，爸爸很高興。請允許爸爸向你表示祝賀，感謝你長久以來對我的理解。多年來爸爸老是在全國各地演講，好像在做什麼大事業，其實我也沒做出什麼驚天動地的大事來。你讀書從來沒有讓爸爸操過心，謝謝你！還有你媽媽對我的支持，謝謝！

結婚意味著責任，兒子，今天說點我們男人之間的話。外面的世界雖精彩，但是永遠記住，你要對妻子負責，以後多溝通，希望你們過得幸福。

今天不多談了，咱們父子倆在特別的日子乾一杯。

以上這段話，將父子之間特有的感情表現得淋漓盡致。有人說，這種演講模式適合比較喜慶的場合，可能不太適合追悼會。我在清華大學在職專班（EMBA）的課堂上，就遭到一些學員的質疑。

當時我給大家十分鐘的思考時間，以便套用這個演講模式進行現場演練。我交待好作業就出去喝了杯水。然而，當我再次返回教室時，發現教室內五十多名企業家學員，眼睛一直盯著我看。這時，有個學員走上講臺遞給我一張紙條，上面寫的是：「這個模式真的很好用，為我們的即興演講提供了模式，謝謝老師！剛才您提到任何場合都適用。請問老師，在追悼會如何運用『祝賀、感謝、希望』呢？」

我看完腦子一片空白，不是很有自信地說：「換個模式吧？」卻遭到他們的齊聲反對：「老師，您剛才不是說適用任何場合。」畢竟有多年的教學經驗，在經過跟學員幾次來回對話後，我很快整理了思路。於是，我拿起一本書，對現場的學員們說：「講話要有對象，追悼會上運用這樣的模式，也要看對象是誰。在這裡，大家就拿我尋開心吧！比如說，現在你們的李老師去世了，你們可以這樣對老師痛訴一切：

「李老師，您走得太匆忙了，您歷經十年心血，一直期待著這本著作出版，但最終您卻沒能親眼看到。

「李老師，您知道嗎？在您病重期間，您的這本著作出版發行了。李老師，您知道在全國各地的書店門口，有多少讀者排隊等著拜讀您的作品嗎？

「在此，請允許弟子向您表示祝賀！（這個時候一定要記得鞠躬呀！）

「李老師，這些年來您對我們中青年一代，都是親自一步步帶領著。每次到您家裡，師母對我們非常好，都會問我們吃飯沒，如果我們還沒吃飯，無論多晚都會煮麵給我們吃，還一定要加上兩顆蛋。在此，對二位的教誨和提攜，表示由衷的感謝！（同上，一定要記得鞠躬。）

「李老師，您放心吧！我們會團結起來，把這門學科發揚光大，希望您一路好走！」（你們這個時候一定要記得向我最後再鞠一個躬。）

當我發表完這段演講之後，課堂上響起了熱烈的掌聲和欣賞的笑聲。任何一項技能，都要反覆練習才能熟能生巧。

上面我提到的例子，均來自日常生活。其實，即使面對美國總統，運用這一發言模式也能讓我們侃侃而談。

所有的語言都應大大方方、有禮有節地展現，並充分表達自己的所思所想，這也是即興演講應達到的效果。站在自己的角度，說別人沒有說過的話，從而表達出真情實感，「祝賀、感謝、希望」就是一個讓人充滿感情的即興演講模式。

「歡人告明祝」，最好用的歡迎詞

所謂「歡人告明祝」，是指致歡迎詞時需要牢記於心的五項內容：首先要表示歡迎，不要忘了介紹現場人員的情況，預告會議專題，闡明會議立場，最後一定要記得預祝會議成功。

尊敬的各位來賓、朋友們：

大家早安！

此刻，我們歡聚一堂，隆重舉行首屆手工藝文化節開幕式。首先，我代表××向為本次活動辛苦的同仁，以及為我們展示精彩手工技藝的藝術家們，表示衷心的感謝和親切的問候！

歷史為我們留下了許多寶貴的非物質文化遺產，手工藝製造更是體現了本地區人們的智慧。隨著市場經濟的發展和地區交流的加強，手工藝製作已開始逐步走向市場，並受到人們的喜愛。為弘揚傳統文化，開拓手工藝市場，我們舉辦了首屆手工藝文化節。

首屆文化節歷時八天。文化節上，展出的手工藝作品包括剪紙、柳條編織、麵團製作等，藝術家們精彩的手工藝製作表演及作品展出，必將受到廣大與會人員的喜愛。本屆文化節不僅向朋友們展示精彩的傳統文化，更將加強我們與各參會地區的交流。政府也將提供更加便利的環境，為推動「傳統文化走出去，先進文化引進來」的目標而努力。

感謝各位來賓和朋友們的光臨，希望各位今後能繼續關注我們的手工藝，關注經濟社會發展。最後，再次祝福各位來賓、朋友們，身體健康，萬事如意！我宣佈首屆手工藝文化節隆重開幕！

謝謝大家！

「惜謝憶征期」，最好用的歡送致意詞

所謂「惜謝憶征期」，是指致歡送詞時需要注意的五個關鍵：相聚是緣，對於這樣的聚會，我們非常珍惜；感謝各位的合作與支持；在整個聚會、活動、會議的過程中，發生那麼多有意義的事；對於日後，大家是否還有更好的期望和建議；最後，這樣有意義的聚會、活動、會議，我們期待下次再相聚。

各位專家、朋友們：

在生機盎然的時節，我們在風景秀麗的××，舉辦××年××研討會。本次研討會共有來自通訊界研究設計、生產、銷售等領域的三百多名專家、朋友。

近年來，我國通訊事業發展突飛猛進，為居民生活帶來極大的便利，也為經濟和社會的發展提供了強大的通訊保障和支援。面對社會經濟的新局面，通訊事業應該走向何方，如何緊跟社會的需求？這是我們要思考的問題。

雖然只有短短三天的研究、交流，但是本次研討會仍然獲得了巨大的成功，湧現出許多極富創意、符合現實的新點子，可以有效運用在未來的通訊事業。

最後，感謝所有通訊界企業和廠商的大力支持，感謝所有朋友的積極參與！

朋友們，美好的時光總是稍縱即逝，相聚雖短，但是我相信我們的友誼是長久的，我們的收穫和影響是深遠的。祝朋友們歸途一路平安，我們相約明年

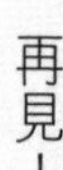

再見！

我宣佈，××年××研討會圓滿閉幕！

謝謝大家！

「上下左右歸用謝」，最好用的獲獎感言

二〇一〇年年初，十八歲的周洋在加拿大溫哥華奪得冬季奧運會女子一千五百公尺短道競速滑冰金牌，賽後她發表獲獎感言：「我可以讓爸爸媽媽生活得更好一點。」這句溫暖的話卻遭到了影射式的批評，引發輿論熱議。在此不論是與非，就演講本身而言，儘量周全，讓聽眾心裡舒服、溫暖，對於演講者本身而言也將受益匪淺。

那麼在進行演講時，演講者如何發言才能面面俱到，不失禮於人呢？我總結了「上下左右歸用謝」七個字，可以避免演講招惹爭議。上，即上級主管；下，即團隊全體成員；左，單位的上級主管部門；右，協力單位；歸，榮譽自己得了，功勞歸給別人；用，榮譽不是用來炫耀，而是用來鞭策和激勵；謝，所有幫助過、愛護過我的人們，我永遠不會忘記，感恩並感謝你們。

各位朋友，大家早安！

我是××，此時此刻我感到非常榮幸，剛才聽到大會主席叫到我的名字，真是既高興又激動！高興的是，我的專案獲獎了；激動的是，今天的頒獎現場這麼隆重。尤其剛才我從大螢幕上看到自己的名字，同時聽到大家這麼多掌聲。

感謝主管的信任，感謝全體員工的努力，感謝××單位的緊密配合！感謝協力單位的支援，感謝主辦單位竭力組織協調，榮譽歸過去，獎盃將激勵我再次揚帆。

今後，我會繼續努力，爭取以更好的成績回報你們。

做好 4 件事，總結你的彙報重點

彙報對於職場人士而言，是非常重要的一項工作。工作彙報做得好，不僅可以得到主管的重視，還有可能從此被提拔重用。相反地，如果彙報做得不好，抓不到重點，很有可能仕途暗淡、升遷無門。

那麼，彙報式的即興演講中，我們需要注意哪些問題，才能讓上司刮目相看？

首先，要目標明確。也就是要清楚知道你在向誰彙報，為什麼要彙報，應當彙報哪些內容。

其次，可長可短、能簡能詳。也就是根據會議的時限要求，適當地增刪演講內容。如果時間充足，就對每個要點進行分析論證；如果時間緊迫，就挑要點說；如果時間還是不夠，就挑關鍵點說。

此外，要條理清晰、形態各異。像這類演講，主持人會將彙報的主題提前公布，因此彙報前可以提早製作PPT或者列印紙本素材，借助文字、圖形為演講加分。

最後，確認資料準確。不論何時，只要列舉事例且涉及數字，一定要提前論證後才能公開演講，以免人們因數字不準確而失去對演講者的信任。

TED 經典語錄

如果你真心喜愛你的工作，就不會一直想著「我整天都在工作」！

——謝怡芬（Janet Hsieh），台灣知名節目主持人

Column 4

TED Talk 告訴你 這樣說最打動人心

30秒 vs. 18分鐘

你有碰過必須在三十秒之內說清楚一件事的經驗嗎？除了賈伯斯在搭電梯的極短時間內開除員工的故事，麥肯錫公司也有一個知名的「三十秒電梯理論」。某天為重要大客戶做完諮詢之後，麥肯錫該專案負責人在電梯中巧遇客戶公司董事長，當他被要求說明目前的諮詢結果時，因為毫無準備而無法在三十秒內好好回答，而失去這個重要客戶。從此，麥肯錫公司便要求每位員工，務必做好在最短時間內完成彙報的準備，亦即要精煉觀點，並清楚明瞭。

不論長短，時間的掌控對任何演說都十分重要。每一場演講，TED只給講者十八分鐘。為什麼是十八分鐘？TED的CEO克里

Column 4

斯・安德森（Chris Anderson）解釋：「這段時間恰好足以闡述主題，持續集中注意力，也是非常適合在網路傳播的時間長度，差不多是喝杯咖啡，稍做休息的時間。」將原本四十五分鐘的演講限制在十八分鐘內，是為了去蕪存菁，讓演講者思考真正想說的是什麼。

知名的溝通大師卡曼・蓋洛（Carmine Gallo）研究發現，人類大腦的短期記憶只能處理三項資訊。賈伯斯也深諳此理，通常在演說的PPT中最想要突顯的只有三個要點。因此，不妨將簡報或演講規劃成開場、中間、結論三段，其次就是用故事、數據、舉例來強化這三大要點。在這當中，說故事——尤其親身或真實的故事，能夠最快將觀眾帶入狀況。例如《我們需要談談不正義*》中，美國人權律師布萊恩・史蒂文森（Bryan Stevenson）以自己外婆的故事，以及三分之一的美國黑人曾坐過牢的事實，來反映種族間存在的種種不公平待遇，更具說服力與認同感。

*參考TED官方網站，題目為《我們需要談談不正義》演講影片。

英國哲學家法蘭西斯．培根說：「談話的範圍應當廣泛，好像一片原野，每個人行走其中都能左右逢源。不要成為一條單行道，只能容納自己一個人。」

也就是說，如果不懂得如何把話說好，不僅無法左右逢源，還有可能走入只能容納自己的單行道裡。在職場中尤為如此，溝通的好壞直接影響一個人的職涯發展。

3

lesson

學卡內的超溫暖說話術，讓你人脈100分

人脈存摺的關鍵在於——你的話好聽嗎？

在人際交往的過程中，我們發現有些東西無法見諸筆端，也不能經常掛在嘴邊，卻時時刻刻、實實在在地影響著我們對事物的判斷，這就是所謂的「潛規則」。暢銷書《潛規則：中國歷史上的進退遊戲》作者吳思先生說：「所謂的『潛規則』，便是隱藏在正式規則之下、卻在實際上支配著中國社會運行的規矩。」在職場中，潛規則是支配著我們與同事交往的行為約定。

逢人只說「三分話」

大多數人將近一半的時間都與同事在一起，日子久了，戒心也就少了。尤其是一些職業女性，很多事情喜歡拿來跟同事討論一番。「逢人只說三分話，不可全拋一片心。」這句話出自明朝馮夢龍所著的《警世通言》中〈杜十娘怒沉百寶箱〉的故事。

倘若杜十娘不是全拋一片心，又何以落得沉寶投江的下場。

「說三分話」並不是教人虛偽，而是在真誠的前提下有所保留。真誠是為人處世的根本，任何狀況下，人們都不願意跟一個滿嘴謊言的人相處。「投我以木瓜，報之以瓊琚」，這也是職場良性交往的一種方式，與說三分話並不相悖。這三分話是我們應該說出來的，另外七分話則需要自己慢慢消化，不需要向人傾訴，尤其是不能向職場中的同事傾訴。

如今的職場競爭非常激烈，在激烈的競爭關係中很難獲得真正的友誼。因此，最好把自己的嘴巴管好，不要讓一些別有用心的人渾水摸魚，使自己遭遇職場陷阱。

李剛最近因為孩子上學的事情很困擾，連日來他學校來回跑，無法把全部精力投入到工作中。在公司裡，難免跟要好的同事抱怨幾句。

公司近期要展開一個非常重要的專案，在專案結束後，升職、加薪是一定的。無論專業知識、工作經驗還是對外協調能力，李剛都應該能夠成為這個專案中最重要的一員，甚至擔任該組的負責人都不為過。為此，他也積極努力地爭取，但是最終卻被排除在外。

得知這樣的結果後，李剛非常鬱悶。他向公司總經理詢問原因，得到的答覆卻讓他後悔不已。原來，公司總經理找那位跟李剛要好的同事瞭解情況，同事非常認同他的能力，但是認為最近他被家庭瑣事羈絆，擔心他不能全力以赴、圓滿完成任務，而這個專案要求必須在短時間內平穩、快速地完成。公司幾個高層經過商量之後，決定由那位與李剛要好的同事擔綱負責人。

卡內基說：「一個人的成功，約有百分之十五取決於知識和技術，百分之八十五取決於人際交往和口才。」事實上，這百分之八十五有時卻恰恰成為成功路上的絆腳石，而逢人只說三分話是能夠管住自己嘴的處世技巧。身在職場如行走江湖，往往身不由己，說話小心些，為人謹慎些，才能使自己置於進可攻、退可守的有利位置，牢牢把握人生的主導權。

說話咄咄逼人沒朋友，放人一馬人脈佳

人們總習慣把「難得糊塗」這四個字與鄭板橋聯繫在一起。這四個字出自鄭板橋一幅著名的書法作品。在這幅字的下面還有一個題跋：「聰明難，糊塗難，由聰明而轉入糊塗更難，放一著，退一步，當下心安，非圖後來福報也。」

我們不必細究鄭板橋寫下這幅字時的心境如何，單就「難得糊塗」四個字來看，便可讓人回味無窮。這裡所說的糊塗，當然不是真的糊塗，而是心存高遠，對瑣碎枝節不計較，是著眼全局的容人之量，是洞察人性的處世智慧。

社會很現實，人心更是難測。身處職場的人猶如同場競技，每個人都有可能成為自己的競爭對手，即使是有配合默契的搭檔，在觸及自身利益時也可能翻臉不認人。做人的最高境界，就是抱樸守拙，鋒芒畢露難免遭人妒恨。遇到衝突時，是明槍明炮對著廝殺，還是難得糊塗忍下一時不忿、積蓄力量以待時機？顯然後者才是成大事者所為。

「人至察則無徒」，太精明、太計較當然交不到真朋友，職場中也是一樣，平時糊塗一點，給人留有餘地，才是雙贏之道。

朋友安平是一家上市公司的CMO（首席行銷總監），有一次公司要展開一個重大專案，需要先做計畫。他把這項任務交給一個比較信得過的同事，但在約定時間內，這位同事並沒有完成計畫。

當他向同事索要計畫時，同事謊稱：「這份計畫是在家裡寫的，寫完後忘了發到電子信箱裡。」並承諾明天一早一定寄到他的信箱。

當時，因為一些工作上的事情，我恰巧在他的辦公室，我相當聰明地指出：「你的這個下屬不老實，他在撒謊。明明沒有做完，偏偏說是在家裡加班做的。」

安平回答說：「我知道呀，這個專案雖然重要，但在時間上公司給了我很大的空間，我安排他做計畫的時候，也在時間上做了充分的考慮和規劃，他即使後天交也來得及，並不影響整個專案的進度。再說，這個同事一直以來工作很認真，很少有不按規定時間完成任務的情況。我如果說破，即使他明天一早就把計畫寄給我，也會因為我讓他沒面子而心存怨恨，那就得不償失了！」

安平的做法是非常聰明的，下屬因為說謊保住了面子，下班後不僅會努力把計畫完成，還會從中記取教訓：幸好自己平時很努力，才讓主管相信自己的鬼話，以後一定要按時完工。

難得糊塗是一種肚量，是眼裡可以揉進沙子、以和為貴的大度，包容別人的同時，也就為自己累積了人情。放眼遠處，不死盯別人的缺點，吃小虧才能賺大利。

職場中真假虛實難辨，別人的話有些能當真，有些則完全可以左耳進右耳出。難得糊塗就是要我們跟任何人都可以做朋友，甚至坦然面對某些人的有意冒犯。不去計較也就避免了衝突，才可左右逢源。難得糊塗是一種混淆視聽的「真清醒」。

一個人想成功地經營自己的職業生涯，必須清楚本身所處的位置，究竟在這個位子上想要得到什麼，怎麼做才能得到想要的，至於其他與這三個重點無關的事物，都可以糊塗對待。

論資排輩，讓職場前輩成為助力

吳思在他的著作《潛規則：中國歷上的進退遊戲》一書中寫道：「論資排輩是個好東西。」他認為：「論資排輩是阻力最小、壓力最輕、各方面都能接受的肥缺分配辦法，因為資格和輩分是明確指標，不容易產生爭議。再說人人都會老，誰都不會覺得這個辦法對自己特別不公平。由於『老人』關係多、經驗足，常常是新人的師長、師兄，新人很難公開反對。」

無論身處何地，要別人認同你的前提是要先認同別人。在職場中，處處認為自己優於前輩，又怎麼能讓前輩看得上你，在他們的眼裡，你不過是乳臭未乾的人在夜郎自大而已。

不可否認，學歷是求職時的一塊敲門磚，如果你沒有任何工作背景，也只有用學歷證明你曾經的成績，但它僅僅代表了過去，正式進入職場之後，只有不斷地學習才能站穩腳跟。尊重有經驗的人能讓自己少走彎路，成長得更快，這是提升自己的職場能力最直接、最有效的方法。此外，有些人由於進公司的時間較長，深諳遊戲規則，這些經驗更是無法從書本中獲取。尊重是一種態度，只有認同並以同理心對待職場中的前輩，他們才會在你的晉升路上推你一把。

苦幹、實幹，不如會說出自己的功勞簿！

職場中，如果你不主動爭取在主管面前表現的機會，老闆也不會主動把機會送給你。一家公司甚至一個部門中，有的同事爭相在主管面前把最好的一面表現出來，埋頭苦幹充其量也就是得一個苦勞，而更多時候，關鍵人物如果不知道你的苦勞，連個苦功也可能撈不到。

很多時候我們不願意表現自己，做表面文章，是因為老祖宗一直向我們傳達並強調「謙虛謹慎、小心做人」的理念。一直以來我們都誤讀了它的真實含義，認為表現自己就等於炫耀和自誇。炫耀和自誇是一種言過其實的虛榮行為，是誇大及高估自己的成就或能力，而表現自己則是一種自信，把自己最好的一面用恰當的方式展現給主管，這是我們在職場獲取認可和肯定的有效方式。

此外，我們總是津津樂道這樣一句話：「是金子總會發光的」，認為只要自己有足夠的耐心等待，機會總有一天會來敲門。然而，這樣的等待是毫無意義的，如果你不發出炫目的光芒，把自己表現出來，很少有人會注意到你的存在和價值。就像做蛋糕要擠花一樣，有時表面功夫也很重要，否則你可能永遠被淹沒在芸芸眾生之中。

程莉莉和李梅是大學同學，兩個人畢業後同時到一家大型廣告公司設計部做平面設計。經過一段時間的鍛煉和學習，兩個人都成長得很快，但令程莉莉介意的是，李梅比她早一個月成為正式員工，而且薪水也比她高了一級。

原來，每次公司有新專案的時候，李梅都會主動向設計部主管一遍遍地陳述自己的設計理念，並且在整個工作過程中，隨時彙報她的工作進度。程莉莉卻不是這樣做，每次拿到案子，總是一個人埋頭苦幹，儘管她廢寢忘食地忙著繪圖、設計，但由於沒有好好與部門主管溝通，設計理念常常得不到主管的認同，因此她的設計方案被採用的比率只有李梅的一半左右。

努力工作並沒有錯，但在努力的基礎上，還要學會聰明工作，做做表面文章。聰明工作意味著要學會動腦，用思考代替埋頭苦幹。這個聰明並不是耍什麼小手段，而是一種工作的方法。首先，能做會議簡報的，就不要私下討論；可以寫成報告的，就不要口頭請示；接到一項工作任務，一定要提交計畫書。否則，儘管任務能夠圓滿達成，也等於什麼都沒做的苦勞罷了。

TED經典語錄

若想要在組織內升遷，必須展現領導才能，無論男女都是如此。也就是你必須被認可，運用你的優勢，再讓別人發揮長處，創造或維持非凡的成果。換句話說，你必須運用你的技巧、天賦、能力，藉由有效率的團隊合作（無論是組織的內部或外部），協助組織達成策略性的財務目標。

——蘇珊．柯蘭托諾（Susan Colantuono），「Leading Women」管理顧問公司執行長

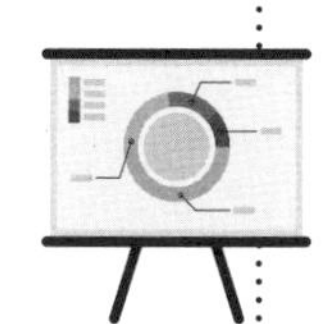

說話注意4件事，避免禍從口出

職場中會碰到很多意想不到的問題，危機隨時隨地潛伏在我們身邊。職場這條路想走得順，必須清楚哪些事可以做，哪些事不能做，哪些話可以說，哪些話一定不能說。

不要強勢的建議

強勢的建議是一種攻擊。很多時候我們自認出發點是好的、友善的，因而在語氣上難免過於強勢，忽略了對方的感受。我們應當明白，在溝通中強勢的建議也是一種攻擊。心理學家希勒（Hans Selye）說過：「我們總希望得到別人的讚揚，也同樣都害怕受人指責。」因此，無論溝通的目的如何，一定要注意對方的感受。批評他人時，如果語氣委婉，能夠站在對方的立場上展現愛護和真誠，對方也會欣然接受。相反地，即使是非常好的建議，也會因為陰沉的面孔和嚴厲的語氣而讓對方心生反感。

約翰·華納梅克（John Wanamaker）是十九世紀美國費城商人，有一次到自己的商店巡視，發現店員們只顧著擠在角落裡高興地聊天，完全不管店裡的生意。一位顧客在櫃檯前站了很久，沒有一個店員上前接待。

華納梅克見此情景，並沒有大聲斥責店員，而是悄悄地走進櫃檯，親自接待這位顧客，他把顧客要買的東西交給其中一名店員包裝，然後一言不發地離開了商店。

之後，這些店員再也沒犯過同樣的錯誤。

很多時候批評是沒有用的，它容易使人採取防衛姿勢，極力為自己的錯誤辯護。由於華納梅克巧妙地維護了店員的尊嚴，這種被尊重的感覺促使他們在日後的工作中更加努力和用心。

因為當人受到強勢的指責和批評之後，很容易激起反抗的本能，帶來很大的危害。卡內基說：「人們不喜歡改變自己的決定，不可能在強迫和威脅下同意別人的觀點，但他們接受態度和藹又委婉的開導。」當你不得不批評一個人時，也應該懂得以委婉和善的方式進行，避免指責和過於嚴厲的批評。

實話實說本身並沒有錯，心胸坦蕩、為人正直是許多人都讚賞的美德。但如果實話實說變成了指責，那就只能是傷人了，而傷人的話絕對稱不上美德。因此，即使實話實說，也要考慮時間、地點、對象，以及說話方式是否易於被接受。

背後論人是非，當心惹禍上身

清朝的警句小品《格言聯璧》中寫道：「靜坐常思己過，閒談莫論人非。」意思是說，沒事的時候我們要多想想自己的不足和缺點，才能在交談時不隨便議論他人的短長。當然，這是我個人的解讀，實際上作者想說的很多，但放到職場上，解讀到這些就足夠了。

在前面的章節中，我曾提出「逢人只說三分話」，主要是提醒大家為人處世要謹慎小心，所謂「害人之心不可有，防人之心不可無」，不用事事都說出來讓別人知道。「閒談莫論人非」則是讓大家明白，要學會換位思考，常思己過，體諒他人的難處，才能不談他人好壞對錯，使自己不斷成長、避免是非。

如今的職場中流行一種病毒，就是閒暇之餘以議論他人的長短為樂，尤其以取笑公司和各級主管為樂，或者把傳播小道消息當有趣。殊不知，這些內容一旦傳入當事人耳中，必將給自己帶來無法預計的後果。要牢記禍從口出，與同事之間的相處要把握好尺度，更不可與同事隨便議論主管的是非。即使是關係非常要好的同事，相互發一些關於主管的牢騷，也是非常不明智的行為。

郭莉是個性格開朗的女孩，大學畢業就應徵到一家不錯的企業，擔任公司人力資源部總監助理。由於她性格活潑，為人大方，深得主管歡心，因此主管把公司裡一些重要的工作交給她，工作之餘也願意與她聊聊天。

這家公司在當地的影響力很大，公司裡經常有人為了把自己的親戚塞進來，想方設法巴結人力資源總監，也就是郭莉的上司，這讓她的上司十分反感。郭莉因為少不更事，加上自己得到這份工作並沒有費多大力氣，聽到這些事只覺得新鮮好玩。

某天午餐時，郭莉與一個要好的同事在餐廳用餐，閒談時就把自己知道的事情說了出來。沒想到那位同事早就想進工作比較輕鬆的人力資源部，為了能夠順利進入這個部門，便把郭莉告訴她的事情一五一十地轉告郭莉的上司。這令上司大為惱火，覺得郭莉嘴巴不緊，靠不住，便找了個機會把她調到分公司一個無關緊要的職位了。

郭莉把部門的瑣事當成茶餘飯後的趣聞與同事閒聊，是非常不專業的表現。正常的閒談本是人們精神生活的一部分，無可厚非。能夠與周圍的人充分交流，並明確表達自己的思想和觀點，也是一個人溝通能力的表現。但是一定要掌握分寸，明白是非曲直，哪些話可以說，哪些話永遠不能講。閒談莫論人非就是要靜坐常思己過，只有在靜坐時，常想到自己待人處事方面的疏忽與不足，才能理解他人苦衷、同理他人，也就不會隨便論他人是非了。

不得罪「小人」

什麼是小人？余秋雨在〈歷史的暗角〉中有一段關於小人的議論：「歷史上許多鋼鑄鐵澆般的政治家、軍事家，最終悲悵辭世的時候，最痛恨的不是自己明確的政敵和對手，而是曾經給過自己很多膩耳的佳言和突變的臉色，最終還說不清究竟是敵人還是朋友的那些人物。處於彌留之際的政治家和軍事家死不瞑目，顫動的嘴唇艱難地吐出一個詞彙『小人』。」。可見小人的隱蔽性之高、破壞力之強，都超乎我們的想像。

俗話說：「不怕沒好事，就怕沒好人。」這裡所謂的「沒好人」，我們姑且稱之為小人。誠如余秋雨在〈論小人〉一文中指出，小人的特徵之一是見不得美好，也就是見不得他人能夠得到美好。因此，我們可以得出，小人便是破壞別人好事的人。

什麼事才能稱得上是好事？如果能夠名利雙收，我們說這是大好事，那麼從中得其一便是好事。俗話說得好：「人生三不鬥——不與君子鬥名，不與小人鬥利，不與天地鬥巧。」君子之名遠播於外，若和君子爭名難免使自己落下小人之嫌，不妨讓其得名，自己得利。天有不測風雲，無論你設計如何巧妙，如果不懂得順勢而為，也將於事無補，功虧一簣。

那麼小人看重什麼？余秋雨〈論小人〉一文還指出小人逐利的本質：「小人見不得權力。不管在什麼情況下，小人的注意力總會拐彎抹角地繞向權力的天平，在旁人看來根本繞不通的地方，他們也能飛簷走壁繞進去。他們表面上是歷盡艱險為當權者著想，實際上只想著當權者手上的權力。但作為小人，他們對權力本身又不迷醉，只迷醉權力背後有可能得到的利益。因此，乍一看是在投靠誰、背叛誰、效忠誰、出賣誰，其實他們壓根兒就沒有穩定的對象概念，只有實際私利。」

既然清楚這一點，不妨讓其利，自己落其名，也避免了與小人為利益紛爭，反而給自己帶來麻煩。

事實上，小人的定義是非常主觀的。職場中會遇到形形色色的人，不論是利益衝突或私人恩怨，當我們被別人陷害時，這些人就成了我們眼中的小人。為了避免得罪他們，最好的辦法就是以一顆包容的心來對待，避免不必要的衝突。再來就是管住自己的嘴，不讓人抓到把柄，有機可乘。

不說消極的話

美國北卡羅萊納大學教堂山分校對一百八十九名專業經理人進行研究，讓他們以自言自語的方式，結合工作寫一封信給自己。研究發現，表現積極者比表現消極者，在領導力和創造力上的得分更高。

耶穌也非常強調語言的力量，例如：「因為要憑你的話定你為義，也要憑你的話定你有罪。」「生死在舌頭的權下。」消極的語言如同傷人的匕首，說得多了不僅會傷到別人，也會給自己帶來許多負面能量，使自身處於更加被動的局面。久而久之，人們就不願意跟你來往。

事實上，消極的語言並不能解決自己所面臨的困難，也不會為別人提供任何幫助。身處職場，一定要注意儘量不要使用消極的話語，從而影響個人的職業生涯。那麼，哪些語言是消極的語言呢？

1 別說「我沒辦法跟他合作！」

這句話的潛臺詞是：「我認為他沒有團隊合作精神，我不願意與他合作。」但是，這句話既傷害了同事，也讓老闆認為你器量小、不成熟，勢必會影響你在企業中未來的發展。與其意氣用事，不如多拿出可行的方案，精準地提出問題，更能彰顯自己的能力，得到同事的認可、主管的重視。

2 別說「這件事怎麼能怪我呢？」

這句話的潛臺詞是：「要怪也要怪某某。」顯然你是在推卸責任。不管究竟是不是自己該負起責任，客觀描述並分析事情的過程比急著撇清更為妥當。

3 別說「為什麼升他不升我？」

這類話的潛臺詞是：「我比他強。」嫉妒是種壞情緒，我們必須重視它。事實上，或許你的同事真的不如你，但老闆之所以給他升職加薪，一定經過多方考慮。與其抱怨滋事，不如努力尋找原因，客觀評判自己，以積極的心態應對職場上的不平才是正道。

4 別說「我怕我做不好。」「這個任務根本不可能完成！」「這個工作真的做不下去了！」

職場並不會因為你是弱者而對你手下留情、有所照顧，任何職業對人的要求，都是從能否圓滿完成工作的角度出發。當你說「我做不好」時，主管會把工作交給有意願也能把事情做好的人。當你說「這個任務根本不可能完成！」時，請你記得你的工作就是協助上司完成任務。老闆和主管的壓力不一定比你小，也許給你這個任務真的過重了，但為了給主管信心，也給自己信心，即使最後真的無法完成，也得表現出勢不可擋的勇氣，這樣就能讓主管們對你另眼相看。

5 別說「這個工作我一直都是這麼做的。」

事事無絕對，任何事情都不是一成不變的，變才是唯一的不變。任何時候，服從主管、聽指揮就沒有錯。

美國麻薩諸塞大學心理學教授蘇珊・克勞斯・惠特本（Susan Krauss Whitbourne）說：「即使你不是管理者，在自言自語中貶低、批評自己，把變化視為災難，也會讓人變得多疑、猶豫，進而限制個人能力，難以想出解決問題的辦法。」最後，你就會覺得愈來愈手足無措。

一個人的感覺取決於心態，而一個人的心態則與他的語言和行為有關。一個實驗失敗了，如果你說：「我們還是失敗了！」整個實驗室的人都會跟著沮喪。但如果你說：「這次的失敗奠定了下一次實驗的勝利，因為失敗乃成功之母！」整個團隊的人瞬間會因為你的樂觀而振奮。很多事情從表面上看來似乎不那麼樂觀，消極的語言也就隨口而出，但如果每次遇到那些表面看起來不是很樂觀的事時，能夠換個角度看待問題，並試著用積極的方式去處理，效果也許會有所不同。

TED 經典語錄

我們的身體會改變心理，心理會改變行為。

——艾美．柯蒂（Amy Cuddy），社會心理學家

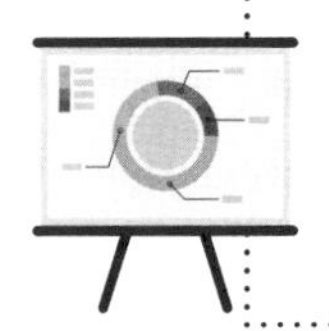

向上溝通不難，關鍵在於你敢不敢「破冰」

工作中，員工很少有機會跟老闆打交道，自己的一切行為結果大多也是經由上司向老闆傳達。換句話說，在一家企業的前程如何，就某個程度而言，取決於與上司關係的品質。

職場中，很多人認為很難和上司進行良好溝通，但又深知與上司維持良好關係非同小可。其實與上司溝通並沒有想像中困難，人與人之間的溝通，尤其是上下級之間的交流，只要用心就能順暢。

說話要真誠，雖是老生常談但很重要

法國作家大仲馬說：「一兩重的真誠，等於一噸重的聰明。」待人真誠是人際交往的一條準則。每個人都渴望得到他人的關注，但如果我們只想著讓別人注意自己，

而不真誠待人，將永遠無法得到他人真摯而誠懇的心。對上司也是一樣，與其掏空心思討他的喜歡，不如拿出一份真心真誠以待，一點一滴地積累你在他心目中的信任度。

王磊身材瘦弱矮小、臉色蒼白。某天，他到一家嚮往已久的跨國公司應徵銷售員。面試的人事經理看著眼前這位弱不禁風的年輕人，忍不住搖了搖頭。

接著，他又認真地看了一遍王磊的履歷，然後抬頭問道：「以前做過推銷的工作嗎？」

王磊誠實地回答說：「沒有。」

「那麼，請回答幾個有關銷售的問題。」王磊配合著點了一下頭，人事經理接著說：「推銷員的目的是什麼？」

「讓消費者瞭解產品，從而心甘情願地花錢買它。」他不假思索地回答。

「你打算怎樣和你的推銷對象開始談話？」人事經理接著問。

「今天的天氣真不錯！」王磊想了一下接著說：「或者您的氣色看上去真的很不錯！」

「你有沒有辦法把帽子賣給和尚？」人事經理拋出了這個老問題。

「先生，我真的沒有辦法讓和尚買帽子，因為他們確實不需要。」王磊稍加思索，然後謹慎而真誠地說出自己的想法。

人事經理聽完王磊的話，眼睛一亮，然後興奮地告訴王磊，下週一他可以準時到公司報到。人事經理說：「關於這個問題，在你之前的幾個應徵者都是按照網路上搜尋到的內容回答，只有你把自己真實的想法告訴我。所以，你通過面試了！」

法國批判現實主義作家左拉（Émile Zola）說過：「真誠是通向榮譽之路。」在真誠面前，所有的語言技巧都沒有用。或者說，任何一種語言技巧都是建立在真誠的基礎上。

事實證明，語言的魅力並不在於華麗和流暢，而在於使用者是否傾注了真感情，是否表達了真誠。同樣地，你的上司也是一名員工，你與他之間只是分工不同，他的指令也會出現錯誤。對於上司不合理、不恰當的指示，不能出面頂撞，但也不可盲從，因為盲從的後果既是害己也是害他。找到恰當的時機，有技巧地把問題指出來，並提出解決辦法，這才是上司真正需要的。人與人之間是否真誠相待，是能夠感覺到的。拿出真心，久而久之自然就能得到上司的讚賞。

說話要不留痕跡地表功，別過於低調

一個人無論多麼能幹，如果得不到上司的認可和信賴，也是徒勞無功。但是，爭取上司的器重，讓他看到並記住你的苦勞也並非易事，因為一旦表現過火，反而有居功或搶功之嫌。

李麗自從畢業之後就在一家廣告公司上班。一直以來她工作認真勤懇，為人開朗大方，公司的同事對她讚賞有加。但是，這一切似乎並沒有被她的上司看到。

李麗不喜歡有點小成績就主動向上司表露，有時候她的上司會讓下屬隨意談論一下自己的績效，她總是謙虛地說：「其實我也沒有做出什麼成績，都是在大家的幫助和努力下完成的！」後來，她才意識到這樣的回答並沒有讓上司認為這是她的謙虛，反而覺得她真的什麼都沒有做。

痛定思痛，她決定換一種方式和上司溝通。機會很快來了，她只花了一個星期就談成一筆數額不菲的大單。在一次工作彙報中，她看到上司的心情不錯，在彙報結束後，假裝輕描淡寫地提起：「我剛和一個朋友談完，就成交了這筆生意，前後還不到幾分鐘的時間。」

她的上司聽了果真非常高興，並建議她馬上通知公司的公關部，好讓同事都知道這筆不錯的進賬。

後來，李麗就成為這家廣告公司銷售部的一名主管。

事實上，不管你付出了多少努力，如果自己不提，不會有人願意幫你告訴上司，而你的上司也不會將自己的注意力集中在某個員工的業績上，他們關心的是整個部門的運轉。

不留痕跡地表功是一種交際技巧，怎麼做才能低調自然地展現自己的功績，並得到上司的認可和信賴呢？

1 勤彙報說進度

主動彙報工作進展，可以讓上司對你的任務完成狀況有清楚的瞭解和認識。很多員工接到工作任務後，自認為瞭解任務的性質，一味地埋頭苦幹，很少向上司彙報，這對於工作任務的完成是非常不利的。

其實，你的頂頭上司非常在意工作進展是否順利，但又不能每天大小事都來詢問你，這個時候我們不妨主動彙報，做到讓他心中有數，進而提高滿意度，獲得他的信任。此外，如果在執行過程中遇到無法突破的難題，也可藉彙報的機會向他提出，不要讓上司產生只有遇到困難才找他的不良印象。

2 順其意說好話

每個人都有自己的行為模式和個性，都希望別人按照自己的行事風格處理問題。尤其作為一個小有成就的主管，難免有一定的控制欲。如果想讓工作順利，就要學會投其所好地完成工作，以主管提倡的方式進行，讓自己的才華與才能得到更多肯定和認可。

3 察其色提建議

作為一名出色的員工，想要成為上司的好幫手，必須有「眼觀四面，耳聽八方」的本領，才能夠迅速捕捉上司的心理動態，全面、準確地掌握周圍環境傳達出來的資訊。只有清楚地瞭解、掌握這些情報，才能準確地把握時機，說明你在工作中遇到的問題，提出建議。

4 述其志說抱負

機會總是留給有準備的人。如果想在公司獲得長遠的發展，就要做好準備，隨時接受上司的觀察和考驗。然而，儘管你躊躇滿志，如果僅是默默地埋頭苦幹，上司當然無法瞭解你的真實想法。可是，你也不能直接開門見山說：「老闆，我想在這裡與你一起大幹一場，在這個舞臺上揮灑我大學時的理想抱負。」你若這麼說，上司十之八九會被嚇倒，他可能會先摸摸你的頭看你有沒有發燒。

因此，工作時你一定要讓自己做事果斷，冷靜處理問題，行事積極主動。主動向上司爭取更多的授權，積極參加專業培訓，用你的進取精神感染、帶動更多的人。當然，在這個過程中，一定不要忘了適時表達自己對上司的忠心：「無論什麼時候，您都是把我領進門的師傅。」「無論什麼時候，您都是我敬愛的上司。」千萬不能讓他產生「你的努力是想取代他」的想法，否則還不如不表現。

對不合理的要求要懂得說「不」

職場中，很多人都會遇到上司提出的無理要求。不論是拒絕還是一口答應承擔下來，都是非常有風險的。如果承擔下來，可能會替自己的工作徒增許多煩惱，說不定還會影響其他主要任務的進度。但如果拒絕的方式不恰當，給上司留下的好印象很可能瞬間瓦解。那麼，究竟該如何妥當拒絕上司的無理要求？

1 表達時對事不對人

首先，一定要隨時提醒自己要對事不對人。很多時候上司也是迫不得已，我們在拒絕的時候只需就事論事，以委婉和善的態度與他溝通，相信會得到對方的體諒。

2 客觀陳述拒絕的理由

在現代職場中，雖說加班是常事，但如果上司一定要把大量的工作交付給你，而你深感不堪重負時，可以勇敢地向上司提出。但是，在陳述的過程中一定要有理有據，採取上司能夠接受的溝通方式來進行，取得他的諒解。

3 提出解決的辦法和途徑

其實，上司也是沒有辦法才讓你承擔大量的工作，最重要的是，你要為他找到解決的辦法和途徑，例如：請求增加人手、要求其他部門支援。只要表達恰當，分析得有條理，你的上司一定會認真考慮。假如遇到非常難纏的角色，切記千萬不要嘔氣。總之，無論什麼時候，上司都不會拒絕合理的請求，也不會拒絕努力幫他想辦法的人。

林立來公司有一段時間了。每次上司交給他任務，他都二話不說，一口答應下來。但是，林立的做法導致上司把更多的任務交給他，已經到了他無法承受的地步，這著實讓他苦惱了一陣子。

經過一番深思熟慮之後，他決定找上司談談。來到上司的辦公室之後，他並沒有直接說工作有多繁重，而是先把近期他接手的幾項工作做完整的彙報，並就接下來應該怎麼做進行一番規劃。

上司聽完林立的彙報之後，忍不住誇讚：「不錯，非常好！接下來還有什麼困難嗎？」

林立眼看時機成熟，馬上說：「老闆，您這一說，還真有些困難」，他拿出一份計畫書，指著其中的一項繼續說，「您看，這部分不是我擅長的，如果再找一位同事協助我，我想我會完成得更好，而且一定會在規定的時間內完成。」

經林立這麼一說，上司立刻意識到最近給林立的工作太多了，於是爽快地承諾：「回去好好做吧，明天我讓李凌協助你完成這個專案。」

在工作中我們常會碰到來自上司的要求，如果你確實力有未逮而不得不拒絕時，千萬不要馬上表示無法接受，而要先謝謝他對你的信任和看重，並表明自己對這項工作的重視，提出有效的解決方案，再含蓄地表達自己的困難。只有這樣才能贏得上司的理解和信任，為今後的工作鋪就一條平坦的大道。

給主管安全感的承諾

生活中，有些人比較敏感，缺乏安全感，總是小心提防著身邊的所有人，小心呵護著自己得來不易的位子。他們心裡可能經常嘀咕著：「這個臭小子最近總愛在老闆面前表現，是不是想要取代我？」「那個臭丫頭沒來幾天，天天往我上司的辦公室跑，什麼意思？」因此，要想取得這類上司的信任，一定要格外注意隱藏好自己的鋒芒，並適時向他們示好，讓他們感受到自己是安全的。

1 遇到嚴重缺乏自信心型的主管，得這樣說

遇到這類型的上司時，下屬最好不要在公開場合指出上司的失誤或不足之處，而是應該儘量幫助並推動他發揮自身的特長。工作中，為了消除上司的疑慮，在他做決策前儘量多準備幾個方案，並細緻地解析以便他做出決斷。否則，備選方案太少，在執行過程中很可能隨時改變決定，為你的工作帶來更多不利因素。

2 遇到親力親為型的主管，得這樣說

遇到對別人缺乏信任感，凡事喜歡親力親為的上司，則要事先多溝通，及時消除誤會，按時間、品質要求完成任務。

3 遇到脾氣火爆型的主管，得這樣說

碰上脾氣不太好的主管，確實非常考驗一個人的修養。但是如果無法避免衝突，學習處世之道與之周旋是十分必要的。對於過分自信、不講道理的上司，就要抱著學習的態度，放大他的優點，認真傾聽他的觀點和理由，採取溫和的談話方式，壓制住自己的表現欲，並將自己的成績降到最低，將他的功勞放到最大。其實這類型的上司做事往往雷厲風行、行事果斷，能力也非常強，在他們的帶領下工作，業績往往也很傲人。

何新是某外商大客戶部經理。最近公司研發了一款新產品，將作為本年度的主打商品。根據市場情報，競爭對手也研發了一款同類型的產品，將在不久後上市。

董事會經過慎重討論，決定在三個月內搶佔全國市場，以保證日後的銷量，行銷總監也在董事會上下了重大命令。對於公司的大客戶部經理而言，必須搶佔市場先機，做好開路先鋒。

於是，行銷總監對何新說：「三個月內必須讓公司的這款產品遍地開花，否則拿辭呈來見我。」行銷總監的這類要求，何新已經司空見慣，就在一週前，銷售部另外一位同事因為未能完成任務，被罵得狗血淋頭。

何新回到辦公室後，緊急召集他的部下研究銷售對策，很快制定出一套可行的方案，並把各項工作的輕重、處理方式，以及存在的困難，做了詳細說明，次日交到行銷總監手中。

行銷總監看到他的方案，只說了一句：「按你的計畫做事，所有困難我來處理。」

三個月後，該產品享譽國內。何新由於在銷售過程中有出色表現，被總監提名並評選為公司本年度優秀員工。

與上司和諧相處，才能為自己營造良好的工作氛圍。每個人都有自己的脾氣，一個人的優點往往也是他的缺點。換個角度去看待問題，站在對方的立場去思考，必將收穫不一樣的人生。

怎樣回話，才能化解主管對你的不諒解？

被上司誤解、誤批在所難免，關鍵在於被誤解、誤批之後當事人的處理方式。對於處事相對消極的人而言，這或許真的是個危機，搞不好從此與上司衝突不斷，直到自己憤然離職，還暗自感歎遇人不淑，使自己前程無亮。但對於一些職場老手或者人際高手而言，這說不定是個絕處逢生的好機會。區別就在於一念之間，是選擇消極處理還是積極應對，前者是「此處不留爺，自有留爺處」自毀前程，後者則是化危機為轉機的大智大勇。

只有高中文憑的李麗經人推薦，來到一家貿易公司做銷售助理，這是一個非常鍛煉人的職位。李麗非常喜歡這得來不易的第一份工作，加上她聰明伶俐，很快得到上司的賞識，因此比同期進入公司的幾個同事更快轉為正式職員。

有一次，公司從國外引進一批不錯的鋼材，銷售部的業務人員也很賣力，很快將這批鋼材全數推銷出去。作為銷售助理，李麗光忙著列印銷售單據就花了一天，但是她一點也不馬虎，仔細核對每一張銷售單資料，經確認無誤後才轉交上司簽字。

來到上司的辦公室後，上司正與客戶談事，李麗禮貌地把銷售單據放在上司的辦公桌上便悄然離開。但是，第二天上司來到李麗的辦公室，劈頭就問：「為什麼還不把昨天的銷售單據交給我簽字發貨？」還惡狠狠地說：「你知道你耽誤公司多少事嗎？」

當著整個辦公室同事的面被上司亂罵一通，李麗覺得很沒面子，因此她非常不滿地頂撞回去。當她的上司在自己的辦公桌上看到昨天下班前李麗送來的銷售單據時，也有些內疚，但由於李麗頂撞時言辭激烈，他一時也難以釋懷。

事後，李麗一直堅持自己沒有錯，也沒有主動找上司解釋這件事，反而任由事情往不好的方向發展。

沒過多久，人事部以她的學歷不符合部門要求為由將她辭退。

職場上需要熟練的技能和辛勤地工作，更需要靈活的交往方式和容人之量。李麗是個聰明的女孩子，但是由於年輕氣盛，受不了半點委屈。上司的幾句批評其實沒什麼大不了，等他發洩過後再去找他把事情說清楚也就過去了。作為下屬尚覺得在人前被罵很沒面子，何況作為上司的當眾被人指出錯誤呢？

那麼，被人誤解、誤批時，如何處理才是正道？

1 換位思考，就能說動他的心理

首先要學會換位思考。職場人際關係很複雜，誰也不可能左右逢源、面面俱到。上司做出的決定和行為，或許是經過深思熟慮，或許是一時性急的口不擇言，又或許是他準備好的一場戲，特意演給特定人群看的，你只是恰好成了他的道具。如果能忍下一時之怒，必將收穫一片藍天；如果處理過激，必將自毀前程。

2 主動溝通，化解敵意

其次是主動溝通。上文中的李麗如果在事後找上司主動溝通並真誠地致上歉意，畢竟錯不在己，或許會獲得上司的諒解，也不致被公司辭退。

事實上，很多時候人與人之間的相處都是一種「理不講不清、話不說不明」的關係。如果已經明顯地感覺到上司對自己心存不滿，不妨找機會主動上前遞出橄欖枝，向上司展現真實的自我，讓他對你有較為全面的瞭解和認識。

俗話說：「解鈴還須繫鈴人。」必要時，不妨針對上司對自己的誤解開誠佈公地談談，這樣既能直指問題核心，把結解開，又能為彼此的交流創造坦誠、公開的氣氛，有利於解決問題。

3 別一直解釋，用行動證明最好

最後，行勝於言，用行動證明一切。某些時候，一些誤會或者誤解愈解釋愈深。只要心懷坦蕩、問心無愧，還不如暫時把事情擱置，用切實的行動證明一切。

上司說錯話時，記得為他打圓場

常言道：「金無足赤，人無完人。」上司也有犯錯的時候，不小心在人前犯了錯誤，面子上自然過不去，這時候如果下屬能及時站出來打個圓場，維護上司的面子，自然能夠贏得他的信任和青睞。

一般而言，隨著上司職位不斷升高，每天要應酬與處理的事情也相對增多。因此，難免會造成工作上的疏忽和遺漏。作為下屬，一定要恰當地採取措施，彌補他的疏忽和遺漏，使工作順利開展下去。

程浩到衛生局工作有一段時間了，身為局長秘書的他深知處事之道，為人求實肯幹，因此深得主管及同事們的喜歡。

有一次，局裡召集各科室的負責人開會，準備安排下一階段的工作任務。在會議開始的工作彙報中，由於有位科長沒做好交辦的工作，還捅了不小的婁子，讓局長發了不小的脾氣，會議氣氛頓時變得緊張。

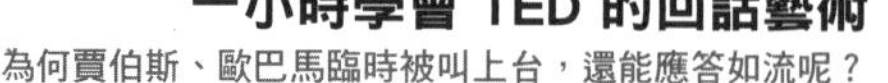

程浩眼見如此情況，看準時機建議局長先休息十分鐘。在休息時遞了一張紙條給局長，上面寫道：「局長，會前您曾說過，這個會議的主要議題是分配工作、動員幹部，剛才的會議氣氛有點緊張，不利於會議的順利進行。有些問題是不是專門開個會或會後解決更好呢？」

局長看到程浩遞來的小紙條，立刻意識到剛才在會議上的不當舉動，他非常感激地看了程浩一眼。當會議再次開始後，局長已經恢復常態，並把議題引向正常的議程上。

此次會議圓滿結束。會後，局長拍著程浩的肩膀說：「程浩，今天多虧你的提醒，小夥子，前程無量呀！」

作為下屬，理應隨時維護上司的面子、尊嚴和權威，尤其是在上司犯錯、遇到尷尬的時候，若能及時幫他圓場，勢必能贏得上司的好感，為自己的職業生涯增添成功的籌碼。

TED經典語錄

人們不是買你的產品，而是買你製造它們的動機。

——賽門・西奈克（Simon Sinek），英國知名作家

聽到同事間二手傳播且傷人的話，你是憤怒還是……

職場中，良好的人際溝通能使人迅速順利地展開工作，為自己贏得寬廣的發展空間，並從中獲得較高的成就感。相反地，如果不善於溝通，職場生涯也將舉步維艱。

這樣表達，能巧妙應對被同事搶功的煩惱

俗話說：「人在江湖漂，哪能不挨刀。」借這句話形容職場就是「常在職場混，哪能不被搶」。我曾在前文中強調職場競爭的殘酷，探究它的根本原因不過是一個「利」字，誠如古代史學家司馬遷所言：「天下熙熙，皆為利來；天下攘攘，皆為利往。」最近這些年由於培訓的關係，接觸到許多職場朋友，跟他們聊天時發現，百分之七十的人都曾經歷被同事搶功的情況。費盡心思所得的成果被惡意掠奪，孰可忍孰不可忍！那麼如何處理，才能既不傷害同事的感情，又能確保自己在日後的工作中不再遭遇類似事件呢？

面對心思特別縝密，只會巧取不屑豪奪的搶功高手，為了日後能與他們維持表面上的和睦，還是必須巧妙應對。否則小不忍就結下梁子，也是職場大忌。儘量不要與任何同事產生衝突，因為每個人都有他的小圈圈，你本來以為自己得罪的只是一個人，但很有可能得罪的是這個人所屬的團體。

劉穎被一家同行廣告公司看重，禁不起高薪的誘惑，於是向老闆遞交了辭呈。在新公司高調上任，博得新同事不少豔羨的眼神。當然，作為一名廣告業的知名策劃高手，劉穎絕非浪得虛名，她交給新老闆的第一個企劃案便得到高度認可。

沒想到的是，這家公司的人際關係非常複雜，讓她倍感壓力、如履薄冰，因此她非常小心地呵護著這份工作，跟同事間儘量保持一定的距離，但只對一個同事例外，這個人叫肖麗娜，長得甜美可人，一雙大大的眼睛，加上兩個甜甜的酒窩。雖然兩人同為女性，劉穎仍不可避免地被她甜美的外表打動，而且她很懂做人，總在劉穎加班的時候送點小零食、小點心，讓初來乍到的劉穎倍覺溫暖。

就這樣，劉穎陶醉在肖麗娜的糖衣下。

一天，當劉穎把自己精心策劃的案子交到上司手上時，上司臉色相當難看，並且非常厭惡地對她說：「我本來很看重你的才華和敬業精神，沒有新點子也沒什麼，但你不該抄襲其他同事的創意。」

這讓劉穎大吃一驚，她發現上司手中的企劃案竟然和她上呈的案子非常相似，而提案人竟是肖麗娜！她很想和上司吵一架，但作為一個職場老手，她知道這沒有任何意義，於是當下忍了下來，靜待時機。

這一天，上司又交代她一個非常重要的計畫。劉穎多留了一個心眼，做了A、B兩種不同的方案，把認為比較滿意的A方案拿回家做，而把非常普通的

B方案留在公司做，而且從不避諱肖麗娜，甚至有時候故意拿出來跟她討論B方案的可行性。

在這個過程中，劉穎已經悄悄地將A、B兩個方案做比較，並交給她的上司，同時對上司說：「B方案是我給肖麗娜看過的，A方案是我在家裡加班完成的。」

次日，肖麗娜將篡改後的B方案交到上司手上，這讓上司非常惱火。後來他再次找劉穎瞭解事情的全部經過，知道真相後更加不滿。

不久之後，肖麗娜接到公司人力資源部的辭退書。

說話「以退為進」，避開不必要的衝突

在現實中，功勞被搶時如何做出反應？有的時候確實非常為難。百般忍讓只會助長小人的氣焰，若以牙還牙將可能演變成無止盡的辦公室爭鬥。不如以退為進，伺機而行，方為上策。我們要相信老闆的眼睛是雪亮的，事情終究有一天會水落石出。換

一個角度看，之所以功勞被搶，說明自己本身就有被搶奪的資本，是金子總會發光，這一票就讓他了。我想作為一個掠奪者，被掠奪者的這種胸懷值得他好好思量。

李文在公司人緣非常好，原因在於別人做不來的事她都願意幫忙，而且從來不記名；明明檔案是她起草的，卻偏偏署上別人的名字；明明這個方案的創意是從她這裡得來的，結果到了老闆那裡卻是同事的功勞。這在外人看來不可思議，她卻是一副無所謂的態度，只是她的職位愈升愈高，直到有一天她做了公司的總經理特助，再也沒人敢來搶她的功了。

當人們請教她成功的秘訣時，她總是笑著說：「可能是我的人緣好吧！」她的同事則總結說：「她是一個非常有胸懷的人！」

職場中，正確地看待自己的功勞被搶，利用合理管道反映真實情況，對結果抱持寬容態度，是應對搶功的上上之策。

「二手傳播」的話該如何處理？

我們都知道在溝通中存在著溝通「漏斗」，但在職場中，除了正常的漏斗給人們帶來的溝通障礙之外，有些時候會被別有用心的人曲解或者加油添醋，導致並非當事人本意的話被轉述給另外一方，對當事人造成不利的影響。

雷明最近感到非常奇怪，財務室的張立一改以往的熱情，突然對自己非常冷淡。細想之下，也沒做什麼對不起他的事情，況且自己在公司裡是出了名的好好先生，從不得罪人。他決定找個機會和張立好好談一談。

某天下班後，雷明留下來加班，經過財務室的時候發現張立也在加班，他想機會來了。他走進財務室，微笑著跟張立打招呼：「月底了，又要加班呀？」張立抬頭一看是雷明，只在鼻子裡「嗯」了一聲當作回應。雷明也不惱火，繼續厚著臉皮說：「等會下班我請你吃飯，上次報銷的時候要不是你幫忙，我的錢也不會那麼快下來。」

「這是我份內的工作呀！」張立的臉色稍稍緩和了一點。

「別說這些了，等我忙完手上的工作一起喝兩杯，你對我的照顧，我可都記著呢！」說著雷明拍拍張立的肩膀說：「你先忙，一會我來找你！」

餐桌上，雷明趁兩人說得正熱烈的時候把自己心中的困惑說了出來。張立告訴雷明，有同事告訴他，雷明跟同事們說他是一個「假好人」，表面一套背後一套。雷明非常詫異，因為他深諳職場之道，絕不會在同事之間說三道四。

他突然想起，有個同事曾經跟他抱怨張立太呆板，搞得報銷流程太過複雜。他為張立辯解了一句說：「你還不太瞭解張立，他其實是一位非常值得交往的好人。」沒想到，這話到了張立這裡就變了「味道」。好在他反應及時，得以跟張立冰釋前嫌。

職場就是江湖，一句非常善意的話傳到最後，意思卻相差了十萬八千里。如果不盡早找當事人好好溝通，恐怕事態會繼續惡化下去。如果一個原本相處得不錯的同事，突然對自己的態度大轉變，那麼一定是發生了什麼事情，要及時找機會瞭解原因，不可放任事情繼續發展、惡化。

罵你的未必是敵人，說你好話的未必是朋友

我在上文中提到，「話被同事變了味」應當及時回應和處理，以免帶來更多的困擾和麻煩。但是在職場中，我們不知道什麼時候會成為被品頭論足的「主角」，因此，當有人來告訴我們誰說了你什麼時，一定要冷靜、認真分析、謹慎對待。此時最好的辦法就是一笑置之，其實真的沒有什麼大不了的。

人畢竟是群居動物，無論身在何處，每個人內心深處總是渴望著多結交幾個真心的朋友，沒有人願意處處樹敵。而我們總是固執地認為，給過自己幫助和利益的人就是朋友，把曾經傷害過自己的人理所當然地看成敵人，因而處處與他為難，毫不相讓。我們或許聽說過這樣一則故事：

有一隻小鳥準備飛往南方過冬。然而在飛行途中，天氣就變得很冷，小鳥被凍僵了，從高空墜落到一片農田裡。

恰巧這時來了一頭母牛在小鳥的身上拉了一泡屎，凍僵的小鳥在溫暖的牛糞裡甦醒過來。牠躺在那裡非常開心地放聲歌唱慶祝重生。

這時，有隻小貓從旁路過，聽到牛糞裡傳出的歌聲，非常好奇。於是牠把牛糞扒開，發現在牛糞裡唱歌的竟然是一隻小鳥時，毫不遲疑地一口就把小鳥吃掉了。

現實有時也是如此，把我們從屎堆裡拉出來的那個人未必是朋友，而在我們身上拉屎的也未必是敵人。工作、生活中，我們太容易被表象迷惑，以致把大把的時間浪費在沒有意義的爭鬥上，而忽略了身邊潛藏的危險。

人紅是非多，被孤立該怎麼破冰？

職場中，我們經常看到這樣的現象：平時大家噓寒問暖、關係融洽。但是突然有一天你被主管委派了一項重要任務，公司又給你加了薪，此時再看同事們的態度，很多人恨不能把你打入十八層地獄。

你對所有同事笑臉相迎，到處製造歡樂，上司賞識你，其他同事更是誇讚你是大家的開心果，但是，當你回到自己的部門一看，總有幾個同事對你「橫挑鼻子豎挑眼」，所有私下的活動都故意不找你，而你始終找不到哪裡做得不夠好。

事實上，很多時候並不是你做得不夠好，你做了自己該做的，得到自己應該得到的，製造錯誤或正在犯錯的是他們而不是你。面對同事間有意地排擠，不要太過在意，最好的辦法就是裝作什麼都沒有發生過，找個合適的機會把大家找來，喝杯咖啡或喝個小酒。同事間本來就沒有真正的恩怨，所謂「一笑泯恩仇」，用真誠和大度換取同事們的支持和理解。

方言是個性格開朗的女孩，到這家公司的行政部工作已經有好幾年了。由於性格的關係，她在公司的人緣不錯，深得上司及其他同事的喜愛。

可是方言最近很鬱悶，因為公司來了三位新同事，這三個小妹妹似乎都有意防著她，對她敬而遠之。平時工作中，她們對上司表現一副認真負責的態度，對其他同事則時時擺出不太友好的姿態。由於其他同事跟她們不同處一室，衝突也就不那麼明顯，但方言整天要跟她們「抬頭不見低頭見」，怎樣也避不開，辦公室的氣氛相當壓抑，卻又無計可施。

一天，其中一個女孩要外出辦事，正好方言也有任務要外出，兩人的辦事地點相差不遠，她主動邀請這個女孩，說可以開車載她過去。剛開始，女孩猶豫著拒絕，但禁不住方言熱情相邀就答應了。

一路上兩人聊了很多。原來，她們三個人由於年齡及來公司的時間差不多，有更多的共同話題和興趣愛好，所以平時走得近一些，加上有個女孩曾經說方言愛向主管打小報告，所以三個人確實有意孤立她。

經過一番瞭解後，那個女孩之所以這麼說，是方言在工作彙報時的一次無心之過，讓上司誤會了那個女孩，因而遭受了一些委屈。

事後，方言找機會請三個女孩吃頓飯，並為自己的無心之過真誠道歉，同時把自己工作中的一些經驗及職場的處世之道與她們分享。不久之後，方言因為出色的工作表現，被公司提拔為行政部主管。當行政總監宣佈這個任命的時候，這三個女孩給方言的掌聲最為熱烈。

工作本身就是人際關係的經營，人際關係經營得好，工作就會順利。要想經營好人際關係，靠投機取巧只能換來一時的安寧，更多時候考驗的是一個人的胸懷、度量和待人的誠意。而胸懷、度量和誠意會形成一個巨大的能量磁場，影響周圍的人以同樣的方式向我們聚攏。

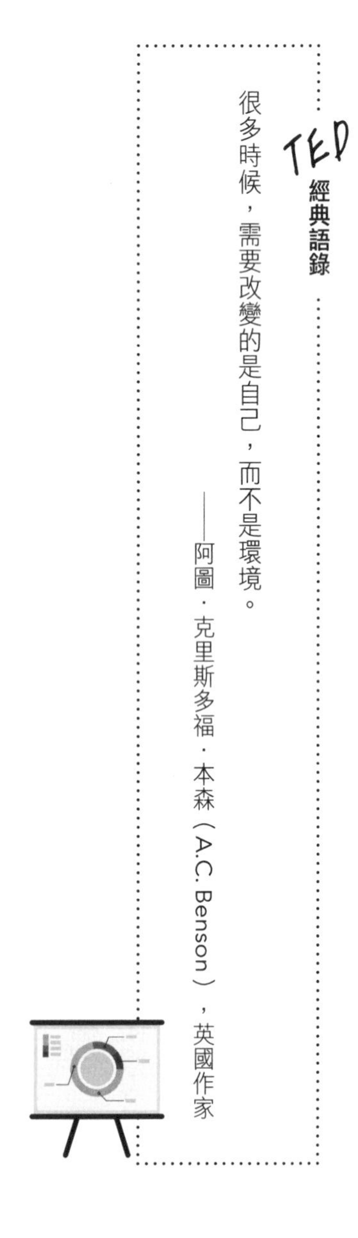

TED 經典語錄

很多時候，需要改變的是自己，而不是環境。

——阿圖．克里斯多福．本森（A.C. Benson），英國作家

管理者該如何下指令，能達到目的又能收攏人心？

亞里斯多德曾經說過：「一個獨自生活的人，他不是野獸就是上帝。」沒有一個人可以獨自生活在這個世界上。尤其作為一名領導者，絕不可能過「獨行俠」般的日子，良好的溝通能力及人際交往技巧是優秀管理者必備的基本素質。

聰明的管理者，懂得「批評下屬的藝術」

古人說：「人非聖賢，孰能無過？」有過而不接受批評，只會在錯誤的道路上愈走愈遠。同樣地，作為一名優秀的管理者，發現自己的下屬有錯而不去糾正或者給予鞭策，也同樣是害了他。但是，不是每個人都能虛心坦然地接受別人的批評。因此，聰明的管理者是懂得使用批評技巧和方法的人。

1 針對不同類型的人採取不同的批評方式

人的性格不同，在遭遇批評時反應也有所不同。提出批評之前，最好根據下屬的性格選擇不同的表達方式，避免造成反彈。例如：對於平時不常犯錯、意識到自己的錯誤就會改正的下屬，點到為止即可；對於性格耿直的下屬最好有話直說，他們一般都能接受，也不喜歡你說話繞來繞去，否則反而讓他們認為上司虛偽。

2 批評他人之前先自我批評

這種方法能夠減輕下屬的心理負擔和抗拒心理，順利地讓他們接受批評，進而冷靜地審視自己、改正錯誤。

3 運用先褒後貶建議法，使聽者順耳

作為管理者要清楚批評的目的是什麼，並非以氣勢壓倒對方，也不是為了批評而批評，而是透過批評讓下屬明白自己的錯誤，並加以改正，獲得成長。因此在提出批評之前，不妨找出下屬的長處及平時對團隊的貢獻等稱讚一番，並以善意的忠告和鼓

勵結尾。

這種方法更容易讓下屬認知到自己的缺失，同時理解上司的立場，站在管理者的角度上思考問題。例如：發現秘書寫的報告需要改進時，作為主管應該對秘書這樣說：「你這份報告寫得很好，思路清楚、重點突出，一定下了不少功夫吧？」在肯定對方之後，接著提出自己的看法：「只是這幾個地方你看是不是有些言過其實呢？沒有量化的分析會不會影響說服力？」最後再給予更大的鼓勵：「你的文筆不錯，相信一定能改出一份更好的。」

這種表達方式不僅會讓下屬聽得舒服，還可以體會到上司對自己的器重與期待，以更快的速度成長。

4 注意批評的場合

上司批評下屬時，一定要讓下屬明白原因。因此，在提出批評之前必須把事件的緣由調查清楚，同時也要與被批評者確認。批評時一定要分清場合，有其他同事或客戶在場都不是很好的談話場所，沒有人願意當著他人的面被批評，尤其對於華人而言，丟臉可是件大事。

避免與下屬發生衝突

美國普林斯頓大學曾針對將近一萬份人事檔案進行調查與分析，最後得出一個結論，智慧、經驗和專業技術其實只佔成功因素的百分之二十五，其餘百分之七十五則取決於良好的人際溝通。

但事實上，幾乎每一個新上任或者有多年管理經驗的領導者，都不可避免地與下屬發生過言辭激烈的衝突。那麼，如何與下屬溝通、相處才能避免衝突，讓自己帶領的團隊同心齊力，進而順利實現團隊目標，這是每一個領導者的必修課。

1 多說肯定的鼓勵語

在工作的傳達中，要多使用肯定、鼓勵和讚賞的語言，少用或者根本不要使用命令、質問的語氣。例如：「你怎麼把事情搞得這麼糟？」「你是怎麼辦事的！」「這件事你要負責到底！」這樣的語言不僅會讓員工覺得領導者不懂得尊重別人，還蠻橫不講理，以權壓人，因此產生委屈、憤怒、反感等一連串的負面情緒，進而與上司發生衝突。

陸奇負責的專案馬上就要到交件期限了，而下一個專案，公司應客戶要求將工期縮短了很多。新舊專案交接，雜事很多，緩慢的工作進度令陸奇煩惱不已。然而更讓他感到不順心的是，他總覺得員工不體諒自己，處處與他為敵。

他安排下屬徐東辦理新一期專案用料提取清單，可是幾天過去了，什麼進展都沒有。於是他把徐東叫來，劈頭就問：「我前兩天讓你提交的用料提取單交上去了嗎？」

「交上去了，李總監讓我們先等著，等審查通過了會通知我們。」徐東回答說。

「你要去催呀，別把清單交上去就沒事了，就這點小事，這麼久還沒搞定！」陸奇非常不滿地說。

面對陸奇的指責，徐東覺得非常委屈。在徐東看來，交清單是他份內的工作，但批不批並非自己能夠決定的。於是，他當場反駁說：「這個審查公司要按流程走，我也沒辦法呀，又不是我能說了算的。」

陸奇覺得徐東太不負責了，於是提高嗓門說：「不能把單子交上去就沒事了，這個案子非常緊急，你又不是不知道，耽誤了工期你能負責嗎？」

幾天後，陸奇檢查工作進度時發現，這項工作仍舊沒有什麼進展。

經驗豐富的職場高手在與下屬相處的過程中都有這樣的體會，為了讓溝通順暢且達到預期的目的，很多時候不得不嘗試做出一些讓步和改變，因為相較於改變別人，改變自己更為容易。如果陸奇在與徐東溝通的過程中，能稍稍克制自己的情緒，改變談話方式，兩人之間就不會產生衝突，事情也許就能順利解決。

2 巧用「期待效應」，聽者會更積極

美國心理學家羅森塔爾做過一個試驗。他和助手來到一所小學，聲稱進行一個「未來發展趨勢測驗」，他們從中隨機抽選了一部分孩子，並將他們列入「最有發展

前途者」的名單中，用充滿期待的口吻把這份名單交到校長及相關老師的手裡。半年後，奇蹟出現了，凡是被列入名單中的學生，在各個方面都有了明顯的進步，成績也提升很快。這個試驗後來被人們稱為「羅森塔爾效應」，也叫作「期待效應」。

期待效應告訴我們：當我們以積極和肯定的態度傳遞對某個人的期望時，就會使他在未來的發展中獲得更大的進步和提升。例如，在上述陸奇的案例中，假如陸奇是這樣與徐東溝通的：

陸奇：「用料提取單交上去了嗎？」

徐東：「交上去了，李總說先讓我們等等，審查通過後會通知我們。」

陸奇：「哦，這樣呀。你也知道我們這個專案時間緊、任務重，老是這樣等著也不是辦法，不然我也不會把這項工作交給你去做呀！你向來在公司的人緣好，很會辦事，這件事情非你辦不成！你能想想辦法，看明天能不能批下來嗎？」

徐東：「陸總監，您也知道，按以前的經驗和公司規定，不可能這麼快有結果。不過我明天再去催催，請李總幫我們想想辦法。」

透過這樣的溝通，徐東肯定會積極地促成這件事情，結果就不言而喻了。

下屬間發生衝突時，善用「傾聽」效果最佳

作為一名領導者，不僅不可避免地會與下屬發生衝突，下屬之間也同樣會因為性格、教育、表達方式等差異發生爭執。當下屬之間將要爆發衝突的時候，作為他們的上司如果置之不理、任其發展，勢必會影響整個團隊的凝聚力，進而導致整體績效下降。

程浩負責的一個專案馬上要驗收了，但是客戶對於品質的要求非常嚴苛，

檢驗了幾次客戶都不滿意，這讓程浩頭疼不已。

在工作總結會上，程浩的兩名下屬為此爆發衝突，吵得不可開交。下屬甲認為客戶不驗收是因為下屬乙的態度太過強硬，而下屬乙則認為下屬甲有意挑剔自己，以此推卸責任。

自此之後兩個人就不再說話。本來這個部門就沒幾個人，受到這兩人情緒的感染，使得整個辦公室氣氛變得格外沉悶。程浩安排下去的工作，只要涉及他們兩個人交接和溝通，就會互相扯後腿，造成拖延，影響團隊的整體績效。

美國有一項關於團隊衝突的調查顯示，導致團隊績效下降的原因，百分之六十五源於成員之間的不良衝突。同時，「鯰魚效應」又告訴我們這樣一個道理：團隊中適當的爭執或衝突能夠有效地激發員工的工作熱情，展現活力，進而在團隊中形成一種人人積極向上的競爭氛圍。

那麼當下屬間風雨乍起時，管理者該如何處理，才能始終保持團隊積極向上的良好氛圍？

1 有效傾聽，引導雙方換位思考

當下屬間產生衝突時，千萬不可不分青紅皂白就臭罵一頓。如此一來不僅無法緩解爭執，還有可能讓衝突升高，激化下屬間的矛盾。最好的辦法就是認真傾聽下屬產生分歧、衝突的真正原因，引導雙方換位思考。

例如，上述故事中的程浩可以在事後找兩人來，認真傾聽他們的心聲。顯然，甲之所以指責乙對客戶的態度不友好，是出於希望專案通過驗收，而乙則認為甲對自己故意挑剔，以此推卸責任。

此時，程浩應當引導兩人換位思考。例如，可以嘗試問問事端的挑起者甲：「如果你被人當眾指責會有什麼樣的感受？」同時，再以同樣的方式問乙：「如果你是甲，當你被人說自己是一個推卸責任、虛偽的人，是不是也很不舒服呢？」如此一來，可以使兩人重新審視自己，冷靜地思考問題、分析問題，從而找到解決問題的方法。

2 客觀、公平、公正地評判每件事

無論面對怎樣的矛盾，作為雙方的上司，一定要公平、公正、客觀地評判事件，切不可偏袒一方，使矛盾和衝突轉移到自己這裡。

3 提出說法或是方案，並追蹤結果

當雙方在上司的介入之下仍無法達成和解，且雙方都心存強烈不滿時，作為領導者應當提出解決方案，讓雙方都有捨有得，並在其後進行追蹤。

說話有耐心，搞定「順而不從」的部屬

在工作中，我們經常遇到這樣的下屬。分配工作時，有些下屬二話不說立刻答應，可是到了實際作業的時候，不是馬馬虎虎交差或進度緩慢，不然就是錯誤百出。但每次檢討時，他們都表現真誠，一副痛改前非的良好態度。然而，在下一次的任務執行中，舊疾又會復發，執行結果和之前相較沒有差別。這就是典型的順而不從，讓主管有種乾著急還無法發作的鬱悶。

出現這種情況，管理學上認為主要源於員工個人執行力不足。所謂執行力，僅從字面來看，指的是一個人對於工作任務、目標實現的能力。那麼作為一名領導者，如何應對員工的「順而不從」？有關研究指出：員工的工作態度往往與領導者的威信、獎懲制度及溝通方式有關。

李然的部門來了一個從某知名大學新招聘的大學生張新。張新性格外向，富有朝氣，而且善於與人溝通，雖然他來公司沒多久，同事們都很喜歡他。

作為張新的直屬主管，李然也非常喜歡這位新同事。他覺得張新猶如一泓清泉，帶動了原本如死水般的辦公環境。但是讓李然鬱悶的是，每次交給張新的工作他都做得不好，或者拖拖拉拉，在李然的一再催促下才草草完工。

每次當李然批評他時，他的認錯態度都非常好，讓一向以處事實在著稱的李然不得不信。可是，下一次再把任務交給他時，張新的表現仍然讓李然非常失望。李然想讓人力資源部辭退他，可又有點捨不得。

這天兩人一起外出辦事，中午不能趕回公司，便決定在外一起用餐。吃飯時李然問張新幾個關於自己未來職業生涯發展的問題。李然發現，張新是個非常有想法的人，非常慶幸自己沒有倉促地辭退他。當李然問到張新對目前職位的看法時，張新神情黯淡地表示：「他非常喜歡這家公司，但不太喜歡目前的工作，他更想到一線與客戶接觸。」至此，李然終於找到了問題的根源。

事後李然建議公司把張新調到客戶部，很快得到人力資源部的批准。張新自調入客戶部後猶如換了一個人，工作積極、用心，受到客戶的一致稱讚。公司很快便將他提升為客戶部主管。而張新在調入客戶部時，把自己大學同學推薦給李然，受到張新的影響，這位同學對李然非常信服，工作上也不馬虎，讓李然非常滿意。自此，李然和張新在公司成為一對無話不談的好朋友。

李然是一位非常合格的領導者，相信在未來他會有更大的發展。面對下屬的順而不從，很多領導者缺乏足夠的耐心與充分的溝通，對下屬內心的真正需求並未深入瞭解，更別說積極地為下屬謀劃出路。當張新的同學來到公司後，對李然非常信服，因為他知道在李然的領導下，自己的能力不會被埋沒。與人溝通，尤其是與下屬之間的溝通，不僅要坦誠，還要有度量。與其說李然是用心與張新溝通，不如說是用他的人格魅力打動了張新。

TED 經典語錄

如果你僱用人只是因為他們有能力工作，他們只會為你的錢工作；但如果你僱用那些認同你的信念的人，那麼他們會用血、汗與淚水為你工作。

——賽門．西奈克（Simon Sinek），英國知名作家

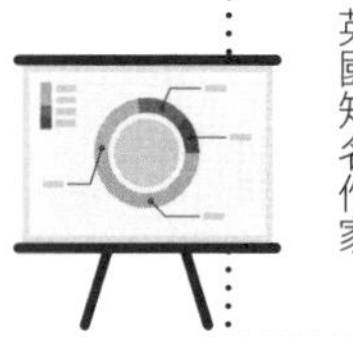

Column 5

幫你的PPT最佳化 TED簡報術這樣用

提點、搞笑、吸睛！

TED演講並沒有限制表達形式，產品測試或樂團演出等都曾在演講中出現，但使用得最廣泛的還是投影片，PPT。製作得好的PPT不僅能使演講流程順暢、幫助觀眾理解，而趣味橫生、令人會心一笑的投影片更能帶動現場氣氛，使演說順利進行。那麼怎樣才能做出稱職的PPT呢？以下幾點最為重要：

1 為觀眾服務 要記住：PPT是為了幫助觀眾更快理解演講者的理念，只是輔助工具而非演講的焦點，不是用來展現你製作PPT的功力，更不是提詞機或講義，所以千萬不要長篇大論，或重複演講

Column 5

詞，或者設計花俏到讓觀眾分心。

2 為理念而生

如果不能為闡述理念加分，那麼這張ＰＰＴ便不夠好或是多餘的。可以在完整思考、擬定好演講大綱與內容之後，再配合訊息露出的需要來製作。因此不必一開始就動手做ＰＰＴ，而應該是接近最後階段才製作。

3 簡潔有力

一張投影片最好只交代一個訊息。儘量用圖片代替文字，且文字愈短愈好，最好只用關鍵字。適時使用有趣的或具震撼力、扣人心弦的圖片，搭配演說，能讓觀眾無障礙地接受你的理念或帶入同理心。也應盡量避免使用文字表格及過於複雜的畫面，以免讓觀眾覺得無聊，或為了看清楚圖片、文字而費神。

4 清新美觀

ＰＰＴ畫面設計應簡單清晰，突顯關鍵字及訊息，儘量使用一致的排版、配色、文圖配置等，且一張投影片最好不要使用二種以上的字體，以免令觀眾眼花撩亂。

國家圖書館出版品預行編目(CIP)資料

一小時學會 TED 的回話藝術：為何賈伯斯、歐巴馬臨時被叫上台，還能應答如流呢？/ 李真順著. -- 二版. -- 新北市 : 大樂文化, 2020.12
256 面 ; 18.4X21 公分
ISBN 978-957-8710-98-6（平裝）

1.企業領導　2.組織傳播　3.說話藝術

494.2　　109014839

UB 071

一小時學會 TED 的回話藝術
為何賈伯斯、歐巴馬臨時被叫上台，還能應答如流呢？
(原書名：《TED 脫稿說話術》)

作　　者／李真順
封面設計／蕭壽佳
內頁排版／思　思
責任編輯／張淑萍
主　　編／皮海屏
圖書企劃／王薇捷
發行專員／呂妍蓁
會計經理／陳碧蘭
發行經理／高世權、呂和儒
總編輯、總經理／蔡連壽

出 版 者／大樂文化有限公司（優渥誌）
地址：220 新北市板橋區文化路一段 268 號 18 樓 之 1
電話：(02) 2258-3656
傳真：(02) 2258-3660
詢問購書相關資訊請洽：(02) 2258-3656
郵政劃撥帳號／50211045　戶名／大樂文化有限公司

香港發行／豐達出版發行有限公司
地址：香港柴灣永泰道 70 號柴灣工業城 2 期 1805 室
電話：852-2172 6513　傳真：852-2172 4355

法律顧問／第一國際法律事務所余淑杏
印刷／韋懋實業有限公司

出版日期／2018 年 8 月 6 日
2020 年 12 月 17 日
定價／280 元（缺頁或損毀，請寄回更換）
I S B N／978-957-8710-98-6

優渥叢書

優渥叢書